प्रसिद्ध वैज्ञानिक और उनके आविष्कार

प्रसिद्ध वैज्ञानिक और उनके आविष्कार

रवीन्द्र जैन

वाणी प्रकाशन

वाणी प्रकाशन

4695, 21-ए, दरियागंज, नयी दिल्ली 110 002

फ़ोन : +91 11 23273167 फ़ैक्स : +91 11 23275710

शाखाएँ

अशोक राजपथ, पटना 800 004, बिहार

कॉफ़ी हाउस कैम्पस, महात्मा गांधी मार्ग, इलाहाबाद 211 001, उत्तर प्रदेश

महात्मा गांधी अन्तरराष्ट्रीय हिन्दी विश्वविद्यालय, वर्धा 442 001, महाराष्ट्र

सुल्तानिया रोड, मोतिया पार्क, भोपाल 462 001, मध्य प्रदेश

www.vaniprakashan.com
marketing@vaniprakashan.in
sales@vaniprakashan.in

PRASIDDHA VAIGYANIK AUR UNKE AAVISHKAR
by Ravindra Jain

ISBN : 978-93-89915-39-6
Science

प्रथम संस्करण 2012
द्वितीय संस्करण 2020

मूल्य : ₹ 125

सिटी प्रेस, दिल्ली-110 095 में मुद्रित

वाणी प्रकाशन का लोगो मक़बूल फ़िदा हुसेन की कूची से

भारतीय मिसाइल क्रांति के

जनक व श्रेष्ठ वैज्ञानिक

डॉ. ए. पी. जे. अब्दुल कलाम

को

श्रद्धा सहित समर्पित

अनुक्रम

भूमिका

बचपन में दादियाँ और नानियाँ छोटे-छोटे बच्चों को रोचक व प्रेरक कहानियाँ सुनाया करती थीं। परियों की कहानियों से बच्चों की कल्पनाशीलता बढ़ती थी। वीरों की कहानियों से साहस बढ़ता था और धार्मिक कहानियों से संस्कार विकसित होते थे।

आज भी साहस, संस्कार, कल्पनाशीलता की आवश्यकता है। साथ में एक आवश्यकता और बढ़ी है और वह है अन्वेषक मनोवृत्ति की। हर चीज के बारे में जानने की इच्छाशक्ति का विकास आवश्यक हो गया है। कोई चीज कैसे बनी, क्यों बनी। इसमें क्या-क्या परिवर्तन किया जाय ताकि यह और उपयोगी हो जाय। यह इच्छाशक्ति उन्हें भविष्य में आविष्कारक बनने की ओर ले जाएगी।

प्रस्तुत पुस्तक ऐसा ही विनम्र प्रयास है। हम जानते हैं कि आजकल बच्चों को कुछ चीजें अत्यंत पसंद हैं। हमने उन वस्तुओं के आविष्कार की प्रक्रिया को सरल शब्दों में वर्णित किया है ताकि वे इन्हें आसानी से समझकर आत्मसात कर लें। यह लगभग वैसा ही प्रयास है जैसे कि बच्चों को खिलौनों के जरिये ज्ञान दिया जाता है।

पुस्तक में यह भी दिखाया गया है कि अनेक बच्चों ने उपयोगी आविष्कार किये हैं तथा बच्चों को आविष्कार करने के लिए प्रोत्साहन भी दिया जाता है। आशा है बच्चे इनका लाभ उठाएँगे।

पुस्तक में वर्णित आविष्कारों की कथाएँ अनेक प्रामाणिक पुस्तकों से ली गई हैं। हम उन सभी लेखकों और शोधकर्ताओं के आभारी हैं।

पुस्तक की रचना के दौरान अनुकूल वातावरण बनाने में हमारे मित्रों और परिवारजनों ने भरपूर सहयोग दिया है, इसके लिए हम उनके आभारी हैं।

श्रीमती उमा प्रसाद, श्रीमती वीना मिश्र, श्रीमती अमिता अग्रवाल, वरुण मिश्र, विशाल मिश्र ने विभिन्न प्रकार का सहयोग देकर लेखन कार्य को आगे बढ़ाया।

श्री यशपाल सिंह तेवतिया ने पुस्तक की पांडुलिपि की खूबसूरत कंपोजिंग करके इसे प्रकाशन योग्य बनाया। लेखक द्वय उनके भी आभारी हैं।

यदि पुस्तक में किसी प्रकार की त्रुटि रह गई हो तो पाठक उसकी सूचना हमें अवश्य दें। अगले संस्करण में उसका परिमार्जन कर लिया जाएगा।

बालमन व आविष्कारी मनोवृत्ति

नन्हे बालक का मन एक कच्ची मिट्टी के गोले जैसा होता है जिसे मनचाहा आकार दिया जा सकता है। बच्चे के अंदर सीखने, समझने के साथ-साथ नकल करने की भी प्रबल प्रवृत्ति होती है।

वह सबसे ज्यादा अपने आस-पास के परिवेश से सीखता है। माता और उसके बाद पिता उसके प्रथम विद्यालय होते हैं। वह खाने-पीने की चीजों, खिलौनों, खेलों और थोड़ा बड़ा होने पर घर और आस-पास मौजूद आधुनिक उपकरणों के बारे में जानने की कोशिश करता है।

ऐसे में यदि बच्चों का नैसर्गिक विकास करना ही तो यह आवश्यक है कि उसे अपने पास स्थित वस्तुओं के बारे में जानकारी दी जाय। आज की माँग के अनुसार बच्चों का शारीरिक रूप से स्वस्थ होना, अच्छे संस्कार युक्त होना, साहसी होना तो आवश्यक है ही, उनके अंदर वैज्ञानिक और आविष्कारी मनोवृत्ति उत्पन्न करना भी आवश्यक है। यह मनोवृत्ति उनके अंदर नवीन काम करने की क्षमता जगा देगी, जो आज के संदर्भ में किसी भी देश, विशेष रूप से विकासशील देशों के लिए आवश्यक है। प्रतिस्पर्धा के इस युग में बच्चों को नवीन कार्य के लिए तैयार करना वैसे ही आवश्यक है। जैसे ओलम्पिक खेलों के लिए खिलाड़ियों को बचपन से तैयार किया जाता है।

बच्चों को खाने-पीने की चीजें सबसे ज्यादा प्रिय होती हैं। आधुनिक युग में खाने-पीने के नये-नये पदार्थ फास्ट फूड आदि उपलब्ध हो रहे हैं। बच्चे इन्हें बड़े चाव से खाते हैं। यदि उन्हें इन खाद्य पदार्थों की उत्पत्ति और विकास के बारे में बताया जाए तो वे जल्दी आत्मसात कर लेंगे। इसी प्रकार उनका दूसरा प्रेम खेल-खिलौनों से होता है। अक्सर बच्चे अपने

खिलौनों को तोड़-मरोड़कर उनके अंदर मौजूद तत्त्वों के बारे में जानने का प्रयास करते हैं। इन खेल-खिलौनों के जरिये भी उन्हें आविष्कार करने की प्रक्रिया से अवगत कराया जा सकता है।

आज अनेक आधुनिक उपकरण घर बाहर में मौजूद हैं। इनमें से अनेक बच्चों द्वारा प्रयोग भी किये जाते हैं। वीडियो गेम्स, कम्प्यूटर, इंटरनेट आदि उनकी पहुँच से दूर नहीं हैं। रेडियो, टेलीविजन, स्टीरियो, वाकमैन, एनीमेशन फिल्मों आदि का आनंद लेने का अवसर उन्हें अक्सर मिलता है। बच्चों को इनका प्रयोग करने के लिए बढ़ावा देना भी जरूरी है और यह बताना भी जरूरी है कि ये कैसे विकसित और उपयोगी हो पाए।

आधुनिक शिक्षा पद्धति में पहले से ही खेल-खेल में शिक्षा देने का चलन जारी है। खेल-खेल में अक्षर ज्ञान और संख्या ज्ञान आदि न सिर्फ सामान्य बालकों को कराया जाता है वरन् इसके जरिये मानसिक रूप से मंद बालकों को कामचलाऊ ज्ञान देने में भी सफलता हासिल की गई है।

ऐसे में एक कदम और आगे बढ़ाकर वैज्ञानिक व आविष्कारी मनोवृत्ति

का विकास आसानी से किया जा सकता है। यह साबित हो चुका है कि आविष्कार करने की कोई न्यूनतम आयु नहीं होती। अनेक लोग बचपन में ही आविष्कारक बन गए और उन्होंने अनोखे कार्य नये तरीके से कर दिखाए।

आने वाले अध्यायों में हम बच्चों की विभिन्न प्रिय वस्तुओं के आविष्कारों के बारे में पढ़ेंगे और इन बाल वैज्ञानिकों के बारे में भी जानकारी हासिल करेंगे।

खाने-पीने की प्रिय वस्तुएँ

च्युइंगम व बबलगम

हम अकसर बच्चों को और बड़ों को भी च्युइंगम चबाते देखते हैं। इसके साथ ही बबलगम भी काफी लोकप्रिय हो गया है और बच्चे इससे बड़े-बड़े बबूले मुँह से निकालते हैं।

एक ओर ये चीजें अत्यंत लोकप्रिय हैं पर बहुत से लोगों को यह अजीब- सा लगता है और दूसरी ओर इनके आविष्कारों की कहानी भी कम अजीबोगरीब नहीं है।

आपको यह जानकर आश्चर्य होगा कि च्युइंगम सदियों से चबाया जाता रहा है। मध्य अमेरिकी देशों में एक जंगली पेड़ चिकली नामक सूखा फल मिलता है जो चबाने में आनंददायक होता है हालाँकि इसमें कोई विशेष स्वाद नहीं होता है।

जब बाहर के लोग अर्थात् यूरोपीय अमेरिका पहुँचे तो पहले तो उन्होंने वहाँ के आदिवासियों द्वारा चबाए जाने वाली इस चिकली का मजाक उड़ाया पर बाद में उन्हें भी इसे चबाने में आनंद आने लगा।

1800 ईसवी के पहले दशक में अब तक मुफ्त में मिलने वाली चिकली दुकान पर बिकने लगी। अब इसमें अन्य स्वाद मिलाया जाने लगा और यह अनेक दुकानों पर बिकने लगी।

1870 में चार्ल्स आडमस नामक एक फोटोग्राफर ने रबर के स्थान पर चिकली को प्रयोग करना प्रारम्भ किया। वह चिकली से खिलौने, मुखौटे, बरसाती जूते आदि बनाना चाहता था पर उसके प्रयोग लगातार असफल हो रहे थे।

एक दिन वह थका-हारा निराश अपनी फैक्ट्री में बैठा था। अचानक उसने बची हुई चिकली का एक टुकड़ा अनायास मुँह में डाल लिया। वह

उसे चबाने लगा। चबाते-चबाते उसके मन में विचार आया कि अगर वह इसमें बेहतर स्वाद मिला दे तो इसकी बिक्री असाधारण रूप से बढ़ जाएगी।

ऐसा ही हुआ। चार्ल्स आडमस ने स्वादिष्ट च्युइंगम बना-बनाकर लोगों को बेचना प्रारम्भ किया और बीस वर्ष में वह अमीर हो गया तथा विशाल च्युइंगम फैक्टरी का मालिक हो गया।

समय के साथ च्युइंगम के साथ अनेक दास्तानें जुड़ीं। इसे स्वास्थ्य के लिए हानिकारक भी बताया गया। 1869 में एक दंत चिकित्सक ने एक लेख लिखा जिसमें चेतावनी दी गई थी कि लगातार च्युइंगम चबाने से मुँह के लार वाले ग्लैंड सूख जाएँगे तथा इसका बुरा असर आँतों पर भी पड़ेगा तथा वे भी चिपक जाएँगी।

दूसरी ओर ओहियो, अमेरिका के एक दंत चिकित्सक ने इसे जबड़ों के व्यायाम के लिए अनुकूल माना तथा इसका पेटेंट भी करा लिया।

च्युइंगम बेचने वाले चार्ल्स आडमस ने इसे स्वास्थ्यवर्धक, दाँतों के लिए लाभदायक, हाजमा दुरुस्त करने वाला, दिमाग ताजा करने वाला और न जाने क्या-क्या माना।

जो भी हो च्युइंगम का प्रयोग बढ़ता चला गया। अमेरिका में पहले औसत नागरिक साल में च्युइंगम की 39 स्टिक चबा डालता था। यह संख्या बाद में बढ़ कर 200 स्टिक तक जा पहुँची और यह बढ़त अभी जारी है।

उधर जापान में भी च्युंइगम का प्रयोग बढ़ता जा रहा है। इसमें हरी चाय का स्वाद डाला जाता है। अंतरिक्ष की यात्रा करने वाले यात्रियों ने भी अंतरिक्ष में च्युंइगम चबाया।

आखिर च्युंइगम का प्रयोग क्यों बढ़ रहा है। इस विषय पर मनोवैज्ञानिकों ने भी शोध किया है। उनके अनुसार जब व्यक्ति नर्वस होता है तो च्युंइगम चबाने से उसे राहत मिलती है। जब भी कभी कहीं युद्ध छिड़ता है या कोई आपदा आती है तो च्युंइगम की बिक्री असाधारण रूप से बढ़ जाती है।

आज दवा की दुकानों से लेकर सामान्य दुकानों तक च्युंइगम की बिक्री अनवरत जारी है। यदि अमेरिकी फैक्टरियों से निकलने वाले च्युंइगम रोलों की कुल लम्बाई नापी जाए तो यह 2 करोड़ 40 लाख मील होगी। बच्चों को च्युंइगम के लिए डाँट पड़ती है पर वे फिर भी खाते हैं और जब ज्यादा डाँट पड़ती है तो उसे निगल जाते हैं।

इसी तरह बबलगम की कहानी भी कम रोचक नहीं है। बीसवीं सदी के प्रारम्भ में फ्रैंक हेनरी फ्लीयर नामक अमेरिकी आविष्कारक ने लगातार प्रयोग करके नये फार्मूले आजमाए और एक नया गम तैयार किया। इससे एक बबूला तैयार हो जाता था। पर इस फार्मूले में कुछ कमी थी और यह बबूला एक आकार लेने के बाद फूट जाता है। यह गम गीला भी होता था तथा बच्चों के मुँह से निकलकर चेहरे से टपकने लगता था। इसे पोंछना व साफ करना कठिन था।

बबलगम पहले बाजार में उतारा गया पर फिर शीघ्र वापस ले लिया गया क्योंकि इसमें अनेक खामियाँ थीं। फ्रांक लीयर अपने प्रयोगों में जुटा रहा। 19_8 में उसने एक नया गम तैयार किया जो दोगुना मजबूत था और उसका नाम डबल बबल रखा गया। इससे बड़ा बबूला तैयार हो जाता था

तथा वह फूटता भी नहीं था। नया गम उतना गीला भी नहीं था कि नीचे गिरने लगे। गिरता भी था तो उसे छुटाना कठिन नहीं था।

नया बबलगम बाजार में आते ही लोकप्रिय हो गया। पर फ्रैंक इतने से संतुष्ट नहीं हुआ। उसने एक वेंडिम मशीन बनाई जिसमें एक पेनी डालने से एक बबलगम निकलता था। मशीन के साथ इसकी लोकप्रियता और बढ़ती गई।

पहले फ्रैंक को वेंडिम मशीन के जरिये इसे बेचने में संदेह था। उसे लगता था कि अगर मशीन के अंदर गम न हो और ग्राहक पेनी डाले तो कुछ नहीं निकलेगा और मशीन की विश्वसनीयता कम हो जाएगी। अपना विश्वास पक्का करने के लिए उसने न्यूयार्क शहर की एक व्यस्त बिल्डिंग के बाहर अपनी मशीन लगाई। यहाँ बहुत तेज हवा भी आती थी। फ्लीयर के सेल्समैन ने तख्ती लगाई कि एक पेनी डालो और तेज हवा की आवाज सुनो। इत्तफाक से सैकड़ों लोग एकत्रित हो गए और उन्होंने पेनी डाली। आखिर पुलिस को आकर मजमा हटाना पड़ा।

फ्रैंक फ्लीयर के भाई हैनरी फ्लीयर ने भी इस काम में बड़ा योगदान किया। हेनरी ने च्युंइगम को स्वादिष्ट रस में लपेटकर लोकप्रिय बनाने में अपना योगदान किया। उसने चिकलेट्स भी तैयार की जो काफी लोकप्रिय हुई।

बबलगम का इतना अधिक उत्पादन हुआ कि अगर इसके पैकेटों की कुल लंबाई नापी जाए तो यह पृथ्वी की परिधि से ज्यादा होगी। अब च्युंइगम के लिए पुरानी चिकली का इस्तेमाल नहीं होता है वरन पॉली विनाइल एसीटेट का प्रयोग होता है जो स्वादहीन, गंधहीन प्लास्टिक जैसा है। प्रारम्भ में सिर्फ गुलाबी रंग उपलब्ध था। इसलिए गुलाबी बबलगम ज्यादा लोकप्रिय हुआ।

फ्रेंच फ्राइस (तले हुए आलू)

सन् 1830 में बेल्जियम में एक रसोइया एक सब्जी तैयार करने में जुटा हुआ था। इसके लिए उसने आलू के पतले-पतले लम्बे टुकड़े काटे और उन्हें दूसरे बर्तन में रखने जा रहा था। पर गलती से उसने आलू के टुकड़े गर्म घी वाली कड़ाही में डाल दिये। घबराए रसोइये ने सोचा कि वह इन आलुओं को फेंक कर दूसरे आलू काट लेगा पर उस समय रसोई में आलू नहीं थे।

तभी उसकी घबराहट दूर हो गई। आलुओं से सुगंधित खुशबू आने लगी। उसने देखा कि तले हुए आलू तो अत्यंत स्वादिष्ट हैं। उसने उनमें नमक मिर्च डालकर अतिथियों को परोसा। अतिथियों को ये तले हुए कुरकुरे पतले-पतले आलू बहुत स्वादिष्ट लगे। इसके बाद तले हुए आलू खाने का रिवाज चल पड़ा। लोग उन्हें फ्रेंच फ्राइस के नाम से पुकारने लगे।

सैंडविच

अठारहवीं सदी में इंग्लैंड में जॉन मोंटेगू नाम का एक बड़ा जुआरी था जो घंटों तक जुआ खेलता रहता था। इस प्रक्रिया में वह सोना खाना सब भूल जाता था।

1762 में एक दिन वह ताश के पत्तों में ऐसा डूबा कि उसे खाने-पीने का होश ही नहीं रहा। 24 घंटे बीत गए। उसे काफी भूख लगी थी पर उसका मन जुए से उठने का नहीं हो रहा था। उसने अपने नौकर से कहा कि वह मांस का टुकड़ा और ब्रेड के दो टुकड़े लाए। नौकर ले आया। अब मोंटेगू ने मांस का टुकड़ा दोनों ब्रेडों के बीच दबाया और एक हाथ से उसे खाने लगा और दूसरे हाथ से खेलता रहा।

जब मोंटेगू के दोस्तों ने उसे खाते हुए देखा तो उन्होंने भी ऐसा ही किया और इस प्रकार जुआरी मोंटेगू सैंडविच का आविष्कारक बन गया। आज यह अत्यंत लोकप्रिय हो चुकी है।

पिज्जा

पिज्जा का नाम सुनते ही लोगों को लगता है कि यह इटली का व्यंजन होगा। पर इसका आविष्कार प्राचीन काल में यूनानियों ने किया था। वे ब्रेड बनाकर उसके ऊपर सब्जियाँ, मिर्च मसाले और अन्य खाद्य सजाकर रखते थे और फिर उसे खाते थे।

1889 में इसमें टमाटर डालना प्रारम्भ किया गया। राफेल एस्पोसिटो ने इटली की महारानी मार्गेरिता के सम्मान में विशेष पिज्जा तैयार किया। इटली के झंडे के दो रंगों सफेद तथा हरा को दर्शाने के लिए उन्होंने पिज्जा के ऊपर चीज तथा बेसिल डाला। लाल रंग का टमाटर भी डाला। इस तरह उन्होंने एक रंग-बिरंगा पिज्जा तैयार किया जो शीघ्र ही लोकप्रिय हो गया।

पॉपकॉर्न

पुरातत्त्ववेत्ताओं से प्राप्त जानकारी के अनुसार पॉपकॉर्न आदि काल से खाया जाता रहा है। विश्व के अनेक भागों में मक्के के दाने विभिन्न रूपों में भूने जाते थे और बड़े चाव से खाए जाते थे। जैकब बेरेसिन नामक एक व्यक्ति फिलाडेल्फिया के एक मेट्रोपोलिटन आपेरा हाउस में काम करता था। अतिरिक्त धन कमाने के लिए उसने मध्यांतर में पॉपकॉर्न तथा अन्य खाद्य पदार्थ बेचना प्रारम्भ कर दिया। लोगों को यह बहुत अच्छा लगा। धीरे-धीरे फिलाडेल्फिया के सभी थियेटरों में मध्यांतर के दौरान पॉपकॉर्न बिकने लगे। यह व्यापार तेजी से बढ़ता चला गया और गर्म हवा में पके या बाद में माइक्रोवेव ओवन में पके पॉपकॉर्न लोगों की प्रिय वस्तु बन गए।

गेटोरेड

हम अकसर देखते हैं कि फुटबाल खेलने के दौरान काफी पसीना आता है। खेल के अंतिम चौथाई समय में कई खिलाड़ी बुरी तरह हाँफने लगते हैं और उनकी शक्ति क्षीण हो जाती है।

फ्लोरिडा विश्वविद्यालय के एक शोधकर्ता ने जो किडनी (गुर्दे) पर शोध कर रहा था, पसीने का विश्लेषण किया और पाया कि इसमें पानी के अलावा सोडियम, पोटाशियम व अन्य खनिज पदार्थ होते हैं। इनको पूरा करने के लिए एक पेय बनाया गया जो खिलाड़ियों को खेल के मध्यांतर में पिलाया जाता है। इस पेय का नाम गेटोरेड रखा गया और यह खासा लोकप्रिय हो गया है। पूरे विश्व में इसे पिया जाता है।

आलू के चिप्स (पोटेटो चिप्स वेफर)

न्यूयार्क शहर के साराटोगा स्प्रिंग्स में स्थित मून लेक लॉज में जार्ज क्रम रसोइया था। 1853 में एक गुस्सैल ग्राहक आया और उसने फ्रेंच आलू की फरमाइश की। उसने साथ में यह भी कह दिया कि आलू पतले होने चाहिए और नमकीन, कुरकुरे भी।

क्रम ने पतले आलू काटकर तले पर ग्राहक ने दो बार लौटा दिए और कहा कि और पतले आलू काटो। परेशान क्रम ने इस बार अत्यंत पतले आलू काटे और उन्हें पहले पानी में भिगोकर तला। ये चिप्स नमक डालने के बाद अत्यंत कुरकुरे और मजेदार हो गए। उस ग्राहक को भी वे पसंद आए और अन्य लोगों को भी।

अगले दिन से जार्ज क्रम ने इन्हें साराटोगा चिप्स के नाम से तैयार करना प्रारम्भ कर दिया। ये लोकप्रिय होते चले गए और पोटेटो चिप्स के नाम से आज पूरे विश्व भर में बिक रहे हैं।

पोटेटो चिप्स के आविष्कार के पश्चात इसको पैक करने की कला का भी आविष्कार किया गया। पैकेट में रखने से ये टूट जाते थे। कई लोगों ने चिप्स के पैकेट में हवा भरनी प्रारम्भ की ताकि वे दवाब में आपस में टकराकर टूट न जाएँ। ज्यादा बड़ा पैकेट होने से जगह की समस्या भी खड़ी होने लगी।

प्रॉक्टर व गैम्बल कंपनी ने इस समस्या का आखिर हल निकाल ही लिया और वह भी बड़े विचित्र तरीके से। एक दिन उनका एक कर्मचारी पेड़ के नीचे खड़ा था और पेड़ से गिरते पत्ते देख रहा था। उसने देखा कि हरे पत्ते नहीं बिखरते हैं। सूखे पत्ते बिखर जाते हैं। उसके मस्तिष्क में एक विचार उभरा। उस समय आलू के चिप्स काटने के बाद पहले सुखाए जाते थे और फिर पैक किये जाते थे।

इस प्रक्रिया को उलट दिया गया। गीले स्लाइसेज को पहले बंद किया गया और फिर सुखाया गया। इससे उन्हें पैक करना सरल हो गया और इस नई प्रक्रिया से बनने वाले चिप्स का नाम प्रिंगले रखा गया।

1920 में इन आलू के चिप्सों को बेचने की नई तरकीब निकाल ली गई। हरमन ले नामक सेल्समैन ने अपनी कार में चिप्स के बैग भरभर कर ले जाकर बेचना प्रारम्भ कर दिया। खुदरा दुकानदारों ने इसे तेजी से खरीदना प्रारम्भ कर दिया। ले के पास जब पर्याप्त पैसा इकट्ठा हो गया तो उसने फ्रिटो ले के नाम से अपनी कंपनी खड़ी कर ली।

आज अमेरिकी 400 करोड़ डालर सालाना इन आलू के चिप्सों पर खर्च कर रहे हैं। कनाडा निवासी साल में 285 टन पोटेटो चिप्स चट कर जाते हैं।

आइसक्रीम

आइसक्रीम की शुरुआत कब व कैसे हुई, यह निश्चित रूप से मालूम नहीं है। दो हजार साल पहले रोमन सम्राट नीरो ने अपने गुलामों से कहा कि वे पास के पहाड़ों से बर्फ ले आएँ। नीरो ने उस बर्फ में फलों का रस, शहद आदि मिलाया और उसका आनंद लिया।

धीरे-धीरे लोग बर्फ में अन्य स्वादिष्ट चीजें मिलाकर खाने लगे और सन् 1600 तक आइसक्रीम अत्यंत लोकप्रिय हो गई। इसके बाद आविष्कारक अनेक प्रकार के प्रयोग करके इसे नया-नया रूप, आकार व स्वाद देकर और लोकप्रिय बनाते चले गए।

एक बार राबर्ट ग्रीन नामक व्यक्ति जो पार्टियों में वेटर का काम करता था, ने मजबूरीवश एक प्रयोग कर डाला। उस समय क्रीम और कार्बोनेटेड पानी मिलाकर एक पेय बनाया जाता था जो एक शताब्दी से खासा लोकप्रिय था। एक पार्टी में उस पेय के लिए क्रीम कम पड़ गया। ग्रीन ने उसकी जगह वनीला आइसक्रीम डाल दी। आइसक्रीम एक फोम के रूप में गिलास में ऊपर तक भर गई तथा घोल अत्यंत स्वादिष्ट था और शीघ्र ही लोकप्रिय हो गया। इसे आइसक्रीम सोडा के नाम से पुकारा जाने लगा। इसी तरह के मजबूरीवश किये प्रयोगों ने अन्य प्रकार की आइसक्रीमों को जन्म दिया। स्मिथसन नामक व्यक्ति के पास एक छोटा-सा रेस्तराँ था जिसमें लोग आइसक्रीम खाने अकसर आते थे। 1890 का एक रविवार था और उस दिन उसके रेस्तराँ में आइसक्रीम कम पड़ने लगी तथा दूसरी चीजें जैसे फल, विभिन्न प्रकार की चाकलेटें, क्रीमें आदि काफी थीं।

रविवार को आइसक्रीम की आपूर्ति नहीं होती थी इसलिए स्मिथसन ने आइसक्रीम की मात्रा कम कर दी तथा उसके ऊपर फल, चाकलेट

सिरप और दूसरी गाढ़ी क्रीम डालना प्रारम्भ कर दिया। जब ग्राहकों ने इसकी तारीफ करना प्रारम्भ कर दिया तो उसने इस आइसक्रीम का नाम संडे आइसक्रीम रख दिया। अब वह हर रविवार को संडे आइसक्रीम देने लगा। ईसाई लोग रविवार को ईश्वर का विशेष दिन मानते हैं और कुछ धार्मिक लोगों ने संडे नाम का विरोध किया तो स्मिथसन ने संडे की स्पेलिंग बदल दी।

कुरकुरे कोन में आइसक्रीम खाने का अलग ही आनंद है इसकी शुरुआत भी मजबूरी में ही हुई। 1904 में सेंट लुई मेले में दो व्यक्ति खाने की वस्तुओं के काउंटर पर अगल-बगल खड़े थे। एक पेपर की प्लेटों में आइसक्रीम बेच रहा था और दूसरा वेफल (पेस्ट्री जैसा लगने वाला) जिसके ऊपर चीनी के दाने चिपके हुए थे। अगस्त का महीना था और लोग धड़ाधड़ आइसक्रीम ले रहे थे। वेफल बेचने वाला मुँह ताक रहा था। तभी अचानक कागज की प्लेटें कम पड़ गईं और आइसक्रीम वाले को लगा कि अब उसे अपना काउंटर बन्द करना पड़ेगा।

तभी वेफल बेचने वाला उसकी मदद के लिए आगे आया। उसने वेफल से कोन बनाया और दोनों उसमें आइसक्रीम भर-भरकर बेचने लगे।

लोगों को कुरकुरा वेफल आइसक्रीम के साथ बहुत भाया तथा अब वह खूब बिकने लगा। 1920 तक एक तिहाई आइसक्रीम कोन में बिकने लगी।

एक बार क्रिश्चियन नेल्सन नामक व्यक्ति आयोवा स्थित अपनी दुकान में आइसक्रीम व चाकलेट बेच रहा था। एक दिन एक बालक हाथ में सिक्के लिए दुकान में आया और आइसक्रीम की फरमाइश की। फिर उसने इरादा बदल दिया और चाकलेट की फरमाइश कर डाली।

नेल्सन को लगा कि यह बालक तभी संतुष्ट हो पाएगा जब उसे दोनों स्वाद मिलेंगे। उसने आइसक्रीम की एक स्लाइस काटी तथा उसके दोनों ओर चाकलेट की पतली परत चिपका दी। अब नेल्सन नई चाकलेट वाली आइसक्रीम जमाने लगा। उसने इस दिशा में अनेक प्रयोग भी कर डाले ताकि चाकलेट उसकी आइसक्रीम से भली प्रकार चिपक जाए। उसे सफलता आसानी से नहीं मिल रही थी। तभी उसको एक सेल्समैन ने सलाह दी कि वह कोको बटर का प्रयोग करे।

अब नेल्सन ने नये सिरे से प्रयोग प्रारम्भ किये। 1920 में एक रात उसने आइसक्रीम की एक स्लाइस चाकलेट के मिश्रण में डाली। कुछ देर बाद चाकलेट ठंडी होकर आइसक्रीम के चारों ओर जम गया। इसके साथ ही चाकलेट लगी आइसक्रीम खासी लोकप्रिय हो गई और क्रिश्चियन नेल्सन शीघ्र ही एक धनवान व्यक्ति बन गया।

हॉट डॉग

1904 में एंटन फेचवांगर नामक दुकानदार ने सेंट लुई के विश्व मेले में खाने-पीने की वस्तुओं का बूथ खोला। उसकी वस्तुओं में मांस का टुकड़ा जो चटपटा था और चटनी के साथ दिया जाता था, खासा लोकप्रिय हो गया।

चूँकि इसे खाने वालों के हाथ तेल, मसाले, चटनी आदि से खराब हो जाते थे, अतः एंटन ने ग्राहकों को दस्ताने साथ में दिये और निवेदन किया कि खाने के बाद दस्ताने वापस कर दें। पर तमाम ग्राहक दस्ताने पहने हुए ही चले गए।

अब एंटन और उसके भाई ने नया तरीका निकाला और पके मांस के टुकड़े को बन के बीच में रखकर दिया। इससे काफी आराम हो गया। न हाथ गंदे होते थे और न ही दस्ताने लेने लौटाने का झंझट था। धीरे-धीरे यह पकवान लोकप्रिय हो गया।

लोग इसे अब तक अलग-अलग नाम से पुकारते थे। कुछ लोग इसे डचशुंड सॉसेज कहते थे। डचशुंड का शाब्दिक अर्थ होता था, लम्बा पतला कुत्ता।

1906 में न्यूयार्क में बेस बाल का मैच चल रहा था। मैच के दौरान डचशुंड सासेज बेचने वाला लोगों का ध्यान आकर्षित करने के लिए आवाज लगा रहा था कि डचशुंड डॉग लाल-लाल गरम-गरम लो। वहीं पर एक कार्टूनिस्ट टेड डोरगन भी मैच देख रहा था। मैच देखने के बाद जब डारगन अपने दफ्तर पहुँचा तो उसने एक कार्टून बनाया जिसमें वास्तविक डचशुंड कुत्ता बन लिये खड़ा है। चूँकि कार्टूनिस्ट को डचशुंड की सही स्पेलिंग नहीं आती थी अतः कार्टून के नीचे उसने लिख दिया 'हॉट डॉग' खरीदो।

इसके साथ ही इस पकवान का नाम 'हॉट डॉग' प्रसिद्ध हो गया।

हैम्बर्गर

फास्ट फूड अर्थात् जल्दी से उपलब्ध हो जाने वाले खाने में हैम्बर्गर सर्वाधिक लोकप्रिय है। सैकड़ों वर्ष पूर्व मंगोलिया और तुर्क जनजातियों के लोग जो तार्तार कहलाते थे, निम्न कोटि का मांस छोटे-छोटे टुकड़े करके खाते थे क्योंकि यह निगलने में आसान होता था। चौदहवीं सदी में जर्मनों ने मांस में नमक मिर्च व मसाले आदि मिलाकर छोटे-छोटे टुकड़े करके खाने प्रारंभ कर दिया। हैम्बर्ग शहर में प्रारंभ हुआ यह व्यंजन हैम्बर्ग स्टीक के नाम से लोकप्रिय हो गया। जब 1880 में अनेक जर्मन उत्तरी अमेरिका में बसने आए तो वे अपने साथ इस व्यंजन को भी लाए।

जब बाद में बन (ब्रेड जैसा) का आविष्कार हुआ तो मांस के इन टुकड़ों को बन के बीच में रख कर खाया जाने लगा। इससे इसे निगलना और आसान हो गया। 1904 में हुए सेंट लुई विश्व मेले में ये सैंडविच काफी लोकप्रिय हुए और यह हैम्बर्गर पूरे विश्व में लोकप्रिय होता चला गया।

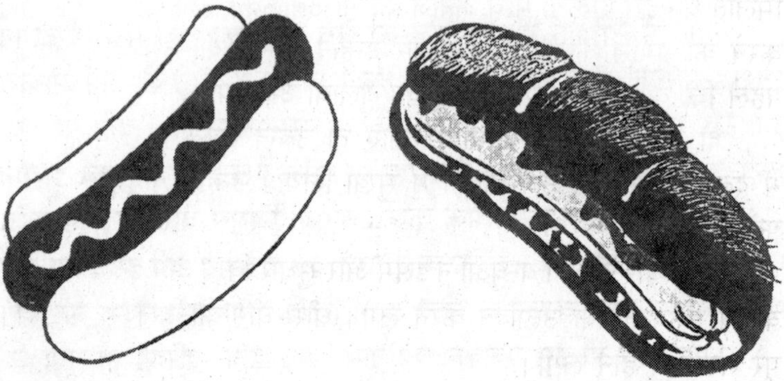

कार्नफ्लैक्स

बच्चे ही नहीं बड़े भी सुबह के नाश्ते में दूध के साथ कार्नफ्लैक्स खाकर आनंदित होते हैं। कुरकुरे स्वादिष्ट कार्नफ्लैक्स पौष्टिक भी होते हैं। इसके आविष्कार और उसे लोकोपयोगी बनाने में कैलॉग बन्धुओं का बड़ा हाथ है।

उन्नीसवीं सदी में डॉ. जॉन हार्वे कैलॉग नामक डॉक्टर ने बैटल क्रीक मिशिगन में स्वास्थ्य गृह स्थापित किया। यहाँ रहने वाले मरीजों को डॉ. कैलॉग के अनुशासन में रहना पड़ता था। वे उन्हें खुली हवा में व्यायाम व रात्रि में पूरी नींद लेने के लिए प्रेरित करते थे। उन मरीजों के लिए शराब, कॉफी, मांसाहार, मिर्च मसाले वर्जित थे।

मरीजों को खुली हवा में व्यायाम आदि तो पसंद थे पर मांस व मिर्च मसालों के बिना वे भूखे रह जाते थे। उन्हें शाकाहारी भोजन बेस्वाद लगता था। इस कारण डा. कैलॉग हमेशा प्रयास करते रहते कि खाने में इस प्रकार परिवर्तन किया जाय ताकि वह स्वादिष्ट लगे। वे अपने भाई कीथ के साथ अकसर रसोई में तरह-तरह के प्रयोग करते रहते थे। वे विभिन्न खाद्य पदार्थों को उबालकर, मिलाकर, पकाकर उनका स्टार्च अलग करते और नया स्वाद मिलाते थे। इस प्रक्रिया में वे अनाज को भी उबालकर नया खाद्य पदार्थ तैयार करने का प्रयास करते थे। एक बार उन्होंने मक्का को उबाला और इससे पहले कि वे आगे कुछ करते, उनका बुलावा आ गया और वे चले गए।

दो दिन बाद जब वे वापस आए तो उबले मक्के को उन्होंने रोलर में दबाया और फिर उसे ओवन में सुखा लिया। उन्होंने पाया कि कुरकुरे फ्लैक तैयार हो गए हैं।

धीरे-धीरे कैलॉग बन्धुओं ने इसमें और सुधार किये और इन कार्नफ़्लैक्स का वे व्यावसायिक उत्पादन करने लगे। धीरे-धीरे कार्नफ्लैक्स की खपत पूरे संसार में होने लगी।

कोका कोला-पेप्सी कोला

बच्चों में इस कदर लोकप्रिय शीतल पेय वास्तव में गलतियों का परिणाम है। 8 मई 1886 की बात है। जार्जिया, अमेरिका में एक फार्मेसिस्ट दवा निर्माण हेतु प्रयोग कर रहा था। जॉन पेम्बरटन नामक यह फार्मेसिस्ट नर्वस व थके हुए व्यक्तियों को ताजगी देने के लिए नई दवा तैयार करने हेतु अपने घर के पीछे आँगन में एक पीतल की केतली में कोका की पत्तियाँ, कोला फलों का स्वाद और कुछ अन्य पदार्थ मिलाकर गर्म कर रहा था।

वह अपने इस काढ़े को बार-बार चलाता था और बीच-बीच में उसे चख लेता था। वह बीच-बीच में स्वाद बदलने के लिए नई सामग्री भी डालता था। काफी प्रयोग करने के बाद अंत में गहरे रंग का गाढ़ा सिरप तैयार हो गया।

अंत में पेम्बरटन ने इसे बोतल में भरा और पास की दवा की दुकान में ले गया जहाँ उसने एक गिलास में इसे पानी और बर्फ के साथ मिलाया और पीकर देखा। वास्तव में यह दवा अत्यंत मीठी व स्वादिष्ट थी। अब पेम्बरटन ने इसे दोबारा तैयार करने का आदेश अपने सहायक को दिया। पर सहायक ने एक गलती कर दी। उसने सामान्य पानी के स्थान पर कार्बोनेटेड पानी मिला दिया। नया पेय और स्वादिष्ट था।

अब पेम्बरटन के मन में नया विचार आया। उसने इस घोल को दवा के बजाय पेय के रूप में बेचने का फैसला कर लिया। चूँकि इसमें दो प्रमुख पदार्थ थे कोका की पत्तियाँ और कोला के नट। अतः इसका नाम कोका कोला रखा गया।

पहले साल में पेम्बरटन ने 100 लीटर पेय अंटलांटा के आसपास के इलाकों में बेचा। उसे 50 डालर की आय हुई पर उसने अपने पेय के

प्रचार-प्रसार में 73.96 डालर खर्च कर दिये। धीरे-धीरे इसकी बिक्री बढ़ती चली गई। पेम्बरटन ने अपने शीतल पेय के प्रचार-प्रसार में अंधाधुंध पैसा लगाया। 1895 तक कोका कोला पूरे अमेरिका में बिकने लगा।

कोका कोला में 15 पदार्थ डाले जाते हैं। 14 पदार्थ की जानकारी सभी को है पर पंद्रहवें की जानकारी चंद लोगों को ही है। इसके नाम के बारे में काफी चर्चा हुई। कुछ ग्राहकों ने इसका नाम कोक रख दिया। कंपनी को प्रारम्भ में यह नाम नहीं भाया। पर बाद में काफी लोग इसे कोक के नाम से पुकारने लगे। इसके बाद कंपनी ने 1941 में इसे भी पंजीकृत कर लिया और प्रचार में इस नाम का भी प्रयोग होने लगा। आज कोका कोला 150 देशों में बेचा जाता है। प्रति दिन 40 करोड़ कोका कोला की बोतलें पी जाती हैं।

कोका कोला को टक्कर देने वाली पेप्सी कोला की विकास गाथा भी कम विचित्र नहीं है। नॉर्थ कैरोलीना में रहने वाले फार्मेसिस्ट कैलेब डी. ब्रेडहेम ने 1898 में इसे तैयार किया था और प्रारम्भ में इसे ब्रेड का पेय कहा जाता था।

पहले-पहल ब्रेडहेम ने इसे सिर्फ दवा की दूकानों में बेचा। धीरे-धीरे इसकी माँग तेजी से बढ़ती चली गई और यह पेप्सी कोला के नाम से तेजी से बिकने लगीं।

1920 में ब्रेडहेम ने एक व्यावसायिक गलती कर दी। उस समय चीनी के दाम तेजी से बढ़ रहे थे। ब्रेडहेम ने सोचा कि ये दाम और बढ़ेंगे और उसने दस सेंट प्रति किलोग्राम के हिसाब से काफी सारी चीनी खरीद ली। दुर्भाग्यवश मात्र 6 महीने बाद दाम गिर गए और चीनी 2 सेंट प्रति किलोग्राम के भाव बिकने लगी। कंपनी लगभग तबाह हो गई।

यह कंपनी बिक गई और 1933 में नये मालिकों ने पेप्सी कोला का व्यवसाय सँभाला और उन्होंने दोहरे आकार की बोतल में (300 मिली लीटर) यह पेय पुराने दाम 5 सेंट प्रति बोतल के हिसाब से बेचना प्रारम्भ कर दिया। मात्र 2 वर्षों में कंपनी ने करोड़ों डालर का मुनाफा कमाना प्रारम्भ कर दिया।

खिलौने

विभिन्न प्रकार की गुड़ियाँ

गुड़ियों का इतिहास अत्यंत पुराना है। पुरातत्त्ववेत्ताओं द्वारा की गई खुदाई से हमें लगभग 6000 साल पुरानी मिट्टी की गुड़ियाँ भी मिली हैं जिनके बारे में अनुमान लगाया जाता है कि उनका आविष्कारक कोई बच्चा ही रहा होगा।

समय के साथ गुड़ियों का भी विकास हुआ और गुड़ियों की निर्माण सामग्री में भी परिवर्तन आता चला गया। चीन में पोर्सेलीन, मोम आदि की गुड़ियाँ बनाई जाती थीं। बच्चे उनसे खेलते थे और बातें करते थे।

गुड़ियों में न सिर्फ बच्चों की रुचि थी वरन् बड़े-बड़े वैज्ञानिकों की भी रुचि जगी। विश्व के महान आविष्कारक थामस अल्वा एडीसन जिन्होंने फोनोग्राफ का आविष्कार किया था, ने एक फोनोग्राफिक गुड़िया भी तैयार की थी जो न सिर्फ गाना सुनाती थी वरन् गाना रिकार्ड भी कर लेती थी। बाहर से देखने में यह साधारण गुड़िया लगती थी पर इसके कपड़े उतारने पर अंदर स्थित छोटा-सा फोनोग्राफ भी दिखाई देता था।

विश्व विख्यात आविष्कारक बंधु विलवर राइट व ओरविल राइट को हवाई जहाज का आविष्कार करने का श्रेय प्राप्त है। 1903 में हवा में उड़ान भरने के बीस साल बाद उन्होंने एक उड़ने वाली गुड़िया बनाई थी पर उसके पंख नहीं थे। इसे स्प्रिंग्स के सहारे हवा में उछाला जाता था और यह गोते खाती हुई वापस आकर तार पर गिरती थी।

सबसे ज्यादा चर्चित गुड़िया रही बार्बी डॉल। 1950 के दशक में रुथ हैंडलर नामक अमेरिकी महिला अपने पति इलियट के साथ मिलकर लॉस एंजिल्स में खिलौनों का व्यवसाय चलाती थी। एक दिन उसने अपनी बेटी को गुड़ियों से खेलते देखा। बेटी बारबरा अपनी हम उम्र बेटियों की तरह

ही गुड़ियों के साथ खेलती थी। वह अपने कमरे में उन्हें कपड़े पहनाती, बाल सँवारती। उसे वह तरह-तरह के कपड़े व गहने भी पहनाती थी।

रुथ ने सोचा कि अगर वह ऐसी गुड़िया तैयार करे जो तरह-तरह के कपड़े पहने और साथ में अन्य तरह के गहने आदि से भी सजाई जाए तो उनकी बिक्री ज्यादा होगी। हालाँकि पति की राय विपरीत थी पर फिर भी रुथ ने बार्बी नाम की तमाम गुड़िया तैयार कीं और उन्हें 1959 में न्यूयार्क के खिलौने मेले में प्रदर्शनी के लिए रखा।

पति की आशंकाओं के बावजूद रुथ ने सफलता हासिल की तथा उसकी गुड़ियों की बिक्री तेजी से होने लगी। अब उनकी खिलौना कंपनी जो मैटल खिलौना कंपनी के नाम से जानी जाती थी, ने एक पुरुष गुड़िया तैयार की जिसका नाम कैन रखा गया जो रुथ के पुत्र के नाम पर आधारित था।

बार्बी की सफलता ने रुथ और उसके पति को खासा प्रोत्साहित किया और अब बार्बी गुड़ियों को नये-नये फैशन के कपड़ों से सजाया जाने लगा।

इसके लिए मैटल कंपनी अपने प्रतिनिधि को यूरोप भेजती तथा नवीनतम डिजाइन के परिधान, आभूषणों के नमूने एकत्रित कराती थी।

प्रारंभ में बार्बी गुड़िया मात्र 3 डालर में बिकती थी बाद में ये एक-एक हजार डालर में बिकने लगीं तथा लोग इनसे घर सजाने लगे। 1959 से बार्बी गुड़ियों की बिक्री का जो सिलसिला चला, वह आज भी जारी है और 40 करोड़ से ज्यादा गुड़ियों की बिक्री हो चुकी है।

बार्बी गुड़ियों की लड़कियों में लोकप्रियता को देखकर लड़कों के लिए भी गुड्डे बनाने का विचार दूसरे लोगों के मन में आने गला। 1963 में हसब्रो ट्वायज नामक खिलौना कंपनी के डिजाइनर डॉन लेवानी ने बच्चों के लिए आदर्श खिलौना 'सिपाही' बनाने और बेचने का फैसला किया। हालाँकि उस समय तक तमाम खिलौना सिपाही बनाए और बेचे जा चुके थे पर ये छोटे, प्लास्टिक के विभिन्न मुद्रा वाले सिपाही लोगों को काफी पसंद आए। ये सिपाही विभिन्न मुद्राओं में विभिन्न प्रकार की सैनिक पोशाकों में होते थे। लेवानी ने अनेक ऐसे फौजियों की तस्वीरें एकत्रित कीं जिन्हें मेडल मिल चुके थे। उनके मजबूत फीचर्स का इस्तेमाल करके तरह-तरह की आकृति के गुड्डे तैयार किये गए।

हसब्रो ने भी वैसी ही बिक्री तकनीक का इस्तेमाल किया जैसी तकनीक मैटल ने अपनाई थी। जीप में बैठे, कुत्तों के साथ घूमते सैनिक गुड्डे बड़ी तादात में बेचे गए और कंपनी मालामाल हो गई।

टैडी बियर

बच्चों खास तौर से छोटे बच्चों को टैडी बियर बहुत अच्छा लगता है। टैडी बियर की शुरुआत भी बड़े रोचक ढंग से हुई। 1902 में अमेरिका के राष्ट्रपति थियोडोर रूजवेल्ट थे जिनका घरेलू नाम टैडी था और बहुत से लोग उन्हें टैडी के नाम से पुकारते थे।

एक बार रूजवेल्ट शिकार के लिए मिसीसिपी गए। उनके मेजबान ने उन्हें सम्मानित करने का फैसला किया। इसके लिए उन्होंने एक भालू

का बच्चा पकड़ा और थियोडोर रूजवेल्ट उर्फ टैडी से उसे गोली मारने के लिए कहा। रूजवेल्ट ने मात्र सम्मान के लिए इस जघन्य काम को करने से इनकार कर दिया।

इस बात पर वाशिंगटन स्टार में कार्यरत एक कार्टूनिस्ट ने एक कार्टून बनाया। इसमें टैडी के एक हाथ में राइफल थी और वे उस भालू के बच्चे से मुँह फेर कर खड़े थे।

इस घटना ने खिलौना बेचने वाले मौरिस मिक्टॉम को नया अवसर दिया। उसने एक कपड़े का भालू का बच्चा बनाया और उस बच्चे तथा कार्टून को खिलौनों की दुकानों में एक साथ सजाकर रख दिया।

अब टैडी बियर की माँग बढ़ गई। दूसरे निर्माता भी नये-नये तरीकों से टैडी बियर बनाने लगे थे और बच्चों में इसकी लोकप्रियता बढ़ती चली गई।

चंद पुराने खेल/खिलौने

लट्टू

लकड़ी के बने लट्टू प्राचीन काल से ही बच्चों की प्रिय खेल की वस्तु के रूप में प्रयोग किये जाते रहे हैं। बेबीलोन में 5000 साल पुरानी मिली वस्तुओं में लट्टू भी मिले हैं। बाद में जापानी लोगों ने इसमें और सुधार किये तथा इसमें छेद आदि करके इनसे हम की आवाज निकालने, सीटी की आवाज उत्पन्न करने जैसे इन्तजाम भी किये। आज भी ग्रामीण इलाकों में लट्टू काफी लोकप्रिय है।

यो-यो

एक लकड़ी या पत्थर के टुकड़े में बँधी पतली रस्सी सहित यह खिलौना तीन हजार से भी अधिक वर्ष पुराना है। अनुमानों के अनुसार इस खेल का जन्म चीन में हुआ था और प्रारम्भ से ही इसे यो-यो के नाम से जाना जाता है। बाद में यह खेल फिलीपीन पहुँचा और वहाँ इसका प्रयोग आदिवासी हथियार के रूप में भी करने लगे। भारी लकड़ी के गुटके या पत्थर का प्रयोग करके शिकारी शिकार पर प्रहार करता था। यदि निशाना लग जाता था तो ठीक अन्यथा शिकारी साथ जुड़ी रस्सी से उसे वापस खींच लेता था। बाद में यह सिर्फ खिलौने के रूप में प्रयोग होने लगा।

1920 के दशक में डोनाल्ड डंकन नामक एक व्यापारी फिलीपीन्स गए और उन्होंने इसके प्रयोग को देखा। वापस आकर 1929 में उन्होंने यो-यो का व्यावसायिक निर्माण प्रारम्भ किया। यह खिलौना पूरे अमेरिका और उसके बाहर भी लोकप्रिय हो गया। डंकन की कंपनी ने करोड़ों यो-यो बेचे तथा मालामाल हो गई।

पतंग

रंगबिरंगी पतंगों का इतिहास भी बहुत पुराना है। ईसा पूर्व 1200 में चीन में रंगबिरंगी पतंगें विकसित की गईं। पतंगों का उपयोग युद्ध के दौरान सैनिकों तक कूट संदेश ले जाने के लिए किया जाता था। चीनी पतंगों के डिजाइन में लगातार सुधार करते रहते थे। उनका आकार भी बढ़ाया गया तथा उन्हें और रंगीन भी बनाया गया। उनका संतुलन बढ़ाने के लिए उनकी पूँछ भी बढ़ाई गई। बाद में पतंगें भारत में आईं और लोकप्रिय हो गईं। इसके बाद ये यूरोप पहुँच गईं।

ताश के पत्ते

अनुमानों के आधार पर ताश का आविष्कार चीन में 986 ईसवी में हुआ था प्रारंभ में ये आकार में लम्बे और पतले होते थे। ये सजाए भी जाते थे और तत्कालीन कागजी मुद्रा की तरह लगते थे।

प्रारंभ में ताश खेलना बुरी बात मानी जाती थी। जब एक चीनी सम्राट को पता चला कि एक राजा ताश खेलता है तो उसे मरवा दिया गया। यह भी माना जाता था कि ताश का खेल दुर्भाग्य लाता है। पर इन सब धारणाओं के बावजूद ताश का खेल लोकप्रिय होता चला गया और 1200 ईसवी तक यूरोप जा पहुँचा।

धीरे-धीरे ताश के खेल में परिवर्तन हुए। आज ताश का जो रूप है, उसे आने में काफी समय लगा। पहले एक गड्डी में 78 पत्ते होते थे। अब 52 होते हैं। अलग-अलग देशों में अलग-अलग चिह्न हैं जैसे भारत में लाल पान, ईंट, चिड़िया और हुकुम हैं।

ताश के पत्ते जुए के लिए इस्तेमाल तो होते ही रहे, इनके साथ अनेक विचित्र कहानियाँ भी जुड़ी हैं। कनाडा में ये कार्ड मुद्रा के रूप में इस्तेमाल हो चुके हैं। एक बार एक जहाज के सिपाहियों को समय पर वेतन नहीं मिला। स्थानीय गवर्नर वेतन देना चाहता था। उसने ताश के पत्ते वेतन के रूप में बाँट दिये। हर कार्ड का अलग-अलग मूल्य था और गारंटी के रूप में गवर्नर ने खुद हस्ताक्षर किये।

कंचे

कंचों का खेल भी अत्यंत प्राचीन काल से खेला जा रहा है। हालाँकि कंचों की निर्माण सामग्री में काफी परिवर्तन हो चुका है। पहले कुत्तों और भेड़ों की हड्डियों के टुकड़ों को गोल बनाकर उनसे खेला जाता था। बाद में शीशे की गोलियों से खेला जाने लगा। पुरातत्त्ववेत्ताओं को मिस्र में हुई खुदाई में 5000 साल पुरानी गोलियाँ/कंचे मिले हैं।

साँप-सीढ़ी

भारत वर्ष में यह खेल हजारों साल से खेला जाता रहा है। हिंदुओं में यह रिवाज था कि वे बच्चों में अच्छाई और बुराई के प्रभाव को दर्शाने का प्रयास करते थे। इसी क्रम में इस खेल का विकास हुआ होगा। भारत में रहने वाले अंग्रेजों ने इस खेल को सीखा और वे इसे अमेरिका ले गए। आज साँप-सीढ़ी, लूडो-चौपड़ जैसे खेल विश्व के अनेक भागों में लोकप्रिय हैं।

शतरंज

पुरातत्त्ववेत्ताओं को खुदाई में शतरंज की गोटियाँ भी मिली हैं। इससे यह लगता है कि इस खेल का आविष्कार लगभग दो हजार वर्ष पूर्व हुआ था और यह भारत, फारस (आधुनिक ईरान) आदि में खेला जाता था। पहले इसके अनेक रूप रहे होंगे पर बाद में इसमें एकरूपता आती चली गई। बाद में यह खेल यूरोप पहुँचा और आज पूरे विश्व में लोकप्रिय है।

चाइनीज चैकर

इसके नाम से ऐसा लगता है कि इस खेल का विकास चीन में हुआ होगा पर ऐसा नहीं है। यह खेल लगभग चार हजार साल पुराना है और मिस्त्र में की गई खुदाई में इसके अवशेष मिले हैं। यह खेल युद्ध जैसा होता है और इसके जरिये प्रतिपक्षी मोहरों को रोका जाता है। बाद में इस खेल में और सुधार किये गए तथा इसे लोकप्रिय बनाया गया।

बैठकर खेले जाने वाले ज्ञानवर्धक, पहेली संबंधी रोचक खेल

क्रॉसवर्ड पहेली

यह खेल सौ से भी कम वर्ष पुराना है। एक अखबार के संपादक आर्थर वायने के सामने एक बार एक समस्या आ खड़ी हुई। उसके अखबार का रविवार का संस्करण प्रेस में जाने वाला था। पर उसमें कुछ जगह बच रही थी।

उलझन के माहौल में वायने ने पेंसिल उठाई तथा कुछ शब्द लिये और कागज पर लिखने लगा। उसने अंग्रेजी का एक शब्द लिखा और फिर उसके एक अक्षर से दूसरे शब्द को मिलाया। इस तरह उसने कुछ शब्द आड़े-तिरछे लिखे। इस प्रकार उसने कई शब्दों को जोड़ दिया। कुछ अक्षर सभी में आ रहे थे।

तभी वायने को अपनी समस्या का हल मिल गया। उसने कुछ शब्द मिटा दिये पर उनके लिए संकेत अक्षर बीच-बीच में छोड़ दिये। अब उसने अपने पाठकों को आमंत्रित किया कि वे इन शब्दों को पूरा करने की पहेली प्रतियोगिता में भाग लें।

वायने की पहली पहेली न्यूयार्क वर्ल्ड अखबार में 21 दिसम्बर 1913 को छपी। पाठकों को यह पसंद आई। धीरे-धीरे अन्य अखबारों ने भी इस प्रकार की पहेलियाँ छापनी प्रारम्भ कर दीं। धीरे-धीरे यह खासी लोकप्रिय हो गई।

1924 में क्रॉसवर्ड पहेली पर पहली पुस्तक छपी जो कि बहुत तेजी से बिकी।

स्क्रैबल

अल्फ्रेड बोट्स को खेलों में काफी रुचि थी। वह क्रॉसवर्ड पहेली हल करने का भी शौकीन था। तभी 1931 में उसकी मित्रता एक बेरोजगार आर्किटैक्ट से हुई और दोनों ने मिलकर एक नये खेल का आविष्कार कर डाला। उन्होंने लकड़ी की सौ टाइलें लीं और उन पर वर्णमाला के अक्षर लिख डाले। अब दो बच्चों को खेलने के लिए बिठाया। एक बच्चा शब्द बोलता था और दूसरा अक्षरों को मिलाकर शब्द बना देता था।

अल्फ्रेड ने पहले इस खेल का नाम क्रिसक्रॉस रखा और वर्षों तक वह इसे अपने परिवारजनों व मित्रों के साथ खेलता रहा। वह इसमें सुधार भी करता रहा और इसके नियम आदि भी विकसित करता चला गया। अब दोनों पक्षों को शब्द बनाने के अंक मिलने लगे और जिसके अंक ज्यादा होते थे वह जीतता था।

1948 में अल्फ्रेड के एक मित्र जेम्स ब्रूनोट ने उसे प्रेरित किया कि वह इस रोचक खेल से लाभ कमाए। दोनों ने मिलकर इसका नाम स्क्रैबल रखा और इसे पेटेंट करा लिया। अब उन्होंने एक पुराने स्कूल की इमारत ली और उसमें इस खेल का उत्पादन प्रारम्भ कर दिया।

प्रारम्भ में इसकी बिक्री धीमी रही और पहले दो सालों में दस हजार से कम खेल सामग्री बिक पाई पर उसके बाद बिक्री ने जोर पकड़ा और 40 लाख गेम सालाना बिकने लगे। एक स्थिति ऐसी आई कि उनकी उत्पादन क्षमता कम पड़ गई और माँग बढ़ती चली गई। आविष्कारक महोदय ने उत्पादन अधिकार सेल्चो राइटर नामक खेल उत्पादन कंपनी को बेच दिये।

आज पचास साल बाद भी स्क्रैबल खेल काफी लोकप्रिय है। आज विश्व में 20 लाख स्क्रैबल सेट प्रतिवर्ष खरीदे जाते हैं।

ट्रिवियल परस्यूट

इस रोचक और ज्ञानवर्धक खेल का जन्म मांट्रियल कनाडा में एक घर के रसोई घर में बातों-बातों में हुआ था। 15 दिसम्बर 1979 को स्कॉट अबोट नामक खेल पत्रकार व क्रिस हैनी नामक छाया संपादक रसोई में चर्चा कर रहे थे। दोनों ही अपने आपको स्क्रैबल का बड़ा खिलाड़ी मानते थे। पर वे स्क्रैबल से संतुष्ट नहीं थे।

उन्होंने एक नये खेल का आविष्कार करने की ठानी और वहीं बैठे-बैठे काम प्रारम्भ भी कर दिया। मात्र 45 मिनट में उन्होंने बातों-बातों में ही नये खेल की रूपरेखा तैयार कर डाली। इसमें खेल भी था और सामान्य ज्ञान का परीक्षण भी।

पर उन दोनों में से किसी को भी निर्माण या बिक्री आदि का कोई अनुभव नहीं था। उन्होंने अपने खेल को कनाडा के खेल मेले में प्रदर्शित करने का फैसला किया और खेल से संबंधित बोर्ड, चार्ट आदि उस मेले में लगाए। उन्होंने अपनी कंपनी के बारे में लोगों को बताया और अपने खेल के विभिन्न हिस्सों को बना सकने वाले उत्पादकों से भी संपर्क किया।

पर अभी भी समस्याएँ शेष थीं। अब उन्होंने अनेक विश्वकोशों, किताबों, ग्रंथों में से सवाल-जवाब इकट्ठे किये ताकि खेल में जान डाली जा सके। उन्होंने अपने मित्रों, रिश्तेदारों आदि से पैसा भी एकत्रित किया और खेल के पहले 1200 सेट तैयार किये। नवम्बर 1981 में खेल के सैट वैंकोवर और टोरेंटों की दुकानों में पहुँच गए।

पहले सेट बिकने के बाद 20,000 सेट बाजार में उतारे गए। इसके बाद 80,000 सेट उतारे गए और व्यवसाय बढ़ता ही चला गया। 1982 में

क्रिसमस के अवसर पर लोग ट्रिवियल परस्यूट का खेल सामान खरीदने के लिए दुकानों पर लाइन लगाने लगे। बच्चों को खेल का आनंद भी मिलने लगा और उनका ज्ञान भी बढ़ने लगा। सवाल जवाब के रूप में खेला जाने वाला यह खेल आज लाखों बच्चे खेलते हैं।

रूबिक क्यूब

1970 के दशक में एनरो रूबिक नामक प्रोफेसर हंगरी के बुडापेस्ट स्थित शिक्षण संस्थान में पढ़ाया करते थे। उन्होंने देखा कि छात्रों को गणित के कठिन सवाल हल करने में दिक्कत होती है। उन्होंने गणित में रुचि जगाने के लिए एक उपकरण तैयार करने की सोची।

उन्होंने खाली समय में एक 6 रंगों का क्यूब तैयार किया जो देखने में सरल-सा लगता था। इसके भाग बदले जा सकते थे। इसके एक हिस्से में 9 छोटे-छोटे क्यूब होते हैं। ये अलग-अलग घुमाए जा सकते हैं तथा अलग-अलग रंगों का मिश्रण तैयार किया जा सकता है।

एक बार विभिन्न दिशाओं में घुमाने के बाद उसे मूल स्थिति में लाना एक अच्छा-खासा खेल बन जाता है। इसमें मनोरंजन भी होता था और गणित का अभ्यास भी होता है।

1977 में रूबिक क्यूब का व्यावसायिक उत्पादन होने लगा और 1980 में आइडियल ट्वाय कंपनी ने इसके निर्माण अधिकार खरीद लिये और यह पूरे विश्व में लोकप्रिय हो गया।

रूबिक क्यूब को घुमा-घुमाकर उसकी कुल मिलाकर 30 करोड़ स्थितियाँ बनाई जा सकती हैं।

विभिन्न स्थितियों में लाने के लिए इस्तेमालकर्ता को एक कम्प्यूटर की तरह सोचना पड़ता है। उसे समस्या को छोटे-छोटे टुकड़ों में बाँटकर फिर हल करना पड़ता है।

प्रो. रूबिक इस क्यूब की निर्धारित स्थिति मात्र 2 मिनट में ला देते थे जब कि आम विद्वान इसमें कई दिन लगा देते हैं।

लेगो

बच्चों में अत्यंत लोकप्रिय लेगो की सहायता से हर प्रकार की इमारत का नमूना खड़ा किया जा सकता है। इसमें प्लास्टिक की छोटी-छोटी ईंटें होती हैं जो विभिन्न प्रकार से जोड़ी जा सकती हैं। दो प्लास्टिक की छोटी-छोटी ईंटें चौबीस प्रकार से जोड़ी जा सकती हैं। यदि छः ईंटों को आपस में एक दूसरे से जोड़ा जाय तो वे दस करोड़ उनतीस लाख इक्यासी हजार पाँच सौ तरीके से आपस में जोड़ी जा सकती हैं। इसके अलावा दूसरे प्रकार के टुकड़े आपस में एक-दूसरे से जोड़े जा सकते हैं और इमारत सहित अनेक आकृतियाँ तैयार की जा सकती हैं।

लेगो की दास्तान भी अत्यंत रोचक है। डेनमार्क के बिलुंड गाँव में 1891 में जन्मे ओले किर्क क्रिश्चियेनसन ने छः वर्ष की आयु से गाँव के खेतों में भेड़ चराना प्रारम्भ किया। इस बीच उसे काफी समय मिलता था और उसने लकड़ी की छोटी-छोटी आकृतियाँ बनाना प्रारम्भ किया।

बाद में उसने लकड़ी का काम सीखा और अपने भाई के साथ मिलकर बढ़ई की दुकान खोली। वह लोगों के घरों में काम आने वाली चीजों, फर्नीचर, दरवाजे, खिड़की आदि बनाने लगा। वह बीच-बीच में छोटे आकार की वस्तुएँ भी बनाता था और लकड़ी के खिलौने, गुड़ियों के घर, छोटे-छोटे मकान आदि बनाने में उसे बड़ा आनंद आता था।

धीरे-धीरे क्रिश्चियेनसन ने बाकी काम छोड़कर छोटे-छोटे खिलौने बनाने में ध्यान केन्द्रित करना प्रारम्भ कर दिया। उसने अपनी कंपनी का नाम लेगो रखा जिसमें दो डेनिश शब्द जुड़े थे और उनका अर्थ था अच्छी तरह खेलो।

वह उच्च स्तर के खिलौने बनाना चाहता था। वह बच्चों को बेहतरीन काम करने का संदेश भी देना चाहता था। एक बार उसके बेटे गोडफ्रेड

ने समय व पैसा बचाने के लिए कुछ खिलौनों पर पेंट की एक परत नहीं चढ़ाई। जब क्रिश्चियेनसन को पता चला तो उसने उन खिलौनों को बन्द डिब्बों से निकाला और अपने सामने पेंट कराया और फिर भेजा।

लेगो कंपनी ने 1949 में प्लास्टिक की ईंटें बनाना प्रारम्भ किया। धीरे-धीरे इनमें सुधार होता चला गया और 1958 में लेगो के खिलौने लोकप्रिय हो गए। इन्हें जोड़ना और फिर अलग करना आसान था।

ये खिलौने इतने लोकप्रिय हो गए कि कंपनी के पास एक के बाद एक आर्डर आते चले गये। अनेक आकार के खिलौने बनाने के लिए अलग-अलग प्रकार के ब्लॉक मिलने लगे। बच्चों के लिए ये आनंददायक होने के साथ- साथ सुरक्षित भी थे। इसमें किसी किस्म की दुर्घटना का कोई खतरा नहीं था।

लेगो के ब्लॉक 12 विभिन्न रंगों के होते हैं पर पाँच रंग प्रमुख होते हैं। ये हैं सफेद, पीला, लाल, नीला और काला। छोटे बच्चों के लिए अलग ब्लॉक मिलते हैं। और बड़े बच्चों के लिए ज्यादा जटिल ब्लॉक उपलब्ध हैं जो उनके लिए दिमागी कसरत का भी काम करते हैं।

क्रिश्चियनसेन ने न सिर्फ खिलौने तैयार किये वरन् लेगो के पार्क भी विकसित किये। अपने पैतृक स्थान बिलुंड में बनवाया दस हैक्टेयर का लेगोलैंड पार्क डेनमार्क का सबसे बड़ा दर्शनीय स्थल माना जाता है। यहाँ 3.3 करोड़ लेगो के ब्लॉक हैं तथा उनसे विश्व की अनेक इमारतों के प्रतिबिम्ब तैयार किये गए हैं। लोग आकर खुद भी विभिन्न डिजाइनें तैयार करते हैं। इस प्रकार के पार्क बाद में अन्य देशों में भी बनवाए गए।

1958 में क्रिश्चियेनसन का देहान्त हो गया। उस समय उसके बेटे गॉडफ्रेड ने कार्यभार सँभाला। 1979 में पोते जेल्ड किर्क क्रिश्चयेनसन ने कार्यभार संभाला। उसके तीन बेटों ने बड़े होकर उसका साथ देना प्रारम्भ किया। ये सभी ओले किर्क क्रिश्चयेनसन के पदचिन्हों पर चलकर इस खेल को आगे बढ़ा रहे हैं।

क्रायोला क्रेयन

हम नन्हे मुन्ने बालकों को क्रेयन से अपने मनपसंद चित्र आदि बनाते देखते हैं। यह परंपरा काफी पुरानी है। प्राचीन काल से ही बच्चे किसी न किसी चीज से इस प्रकार का अभ्यास करते हैं। अब यह परंपरा जोर पकड़ती जा रही है। इसे आगे बढ़ाने में बिन्नी व स्मिथ कंपनी का बड़ा योगदान रहा है।

यह कंपनी पहले चारकोल, पेंट आदि बनाती थी। बाद में इसने बच्चों के लिए स्लेट पर लिखने वाली पेन्सिलें बनाना प्रारम्भ कर दिया। अपनी पेन्सिलों के प्रचार के लिए जब कंपनी अधिकारी स्कूल की कक्षाओं में गए तो उन्होंने देखा कि बच्चे मोम के क्रेयनों से कागज पर लिख रहे हैं। ये क्रेयन रुक-रुककर चल पा रहे थे। बीच-बीच में ये टूट भी जाते थे। टूटे टुकड़े बच्चों की छोटी उँगलियों में नहीं आ पाते थे और बेकार हो जाते थे। अब कंपनी ने इस दिशा में प्रयोग प्रारम्भ कर दिये। उन्होंने 1903 में मोम में रंग आदि मिलाकर उन्हें मोल्ड में डालकर क्रेयन तैयार करना प्रारम्भ कर दिया। नये क्रेयन टिकाऊ थे और लगातार चलते थे। इनकी कीमत भी उचित थी।

कंपनी के संस्थापक एडविन बिन्नी की पत्नी आलिस बिन्नी जो स्वयं स्कूल में अध्यापिका थी ने इसका नाम क्रायोला रखा जिसका शाब्दिक अर्थ होता था रंगों की छड़ी जो तेलीय हो। क्रायोला क्रेयन शीघ्र ही लोकप्रिय हो गए।

क्रायोला क्रेयन का पहला बक्स 5 सेंट का था और इसमें आठ रंग थे, लाल, नीला, हरा, पीला, नारंगी, भूरा, बैंगनी और काला। आज 72 रंग के क्रायोला उपलब्ध हैं और हर साल सैकड़ों करोड़ क्रायोला क्रेयन बिक जाते हैं।

कंपनी ने 1996 में दस हजार करोड़वाँ क्रेयन तैयार किया। इस अवसर पर उन्होंने नये रंग का क्रेयन भी तैयार किया।

वीडियो गेम्स

1950 के दशक में अमेरिका के न्यूयार्क में स्थित ब्रूकहैवन नेशनल लेबोरेटरी में हीजिन बोथम नामक भौतिक शास्त्री काम करते थे। ब्रूक हैवन प्रयोगशाला में सरकार की ओर से परमाणु ऊर्जा/शक्ति संबंधी प्रयोग भी चलते रहे।

साल में एक बार लोगों को उस प्रयोगशाला में जाने और वहाँ चल रहे कार्यों को देखने की अनुमति मिलती थी। लोगों को चित्रों, बोर्डों के जरिये वहाँ के उपकरणों की जानकारी दी जाती थी। यह तरीका बहुत रोचक नहीं था और लोग इन पर नजर डालकर चलते बनते थे।

1958 में सालाना ओपन हाउस आयोजित करने की तैयारी चल रही थी। तभी हीजिन बोथम ने कुछ खाली पड़े उपकरण लिये और उन्हें जोड़ना प्रारम्भ कर दिया। उसने एक कम्प्यूटर को एक ऑस्सिलोस्कोप से जोड़ा और एक प्रोग्राम तैयार किया जिससे ऑस्सिलोस्कोप के स्क्रीन पर छोटा-सा गोला टेनिस की बॉल की तरह एक तरफ से दूसरी तरफ जाता था।

हीजिन बोथम ने दो तरफ बक्स लगाए जिसमें एक-एक बटन था। बटन दबाने से बॉल दूसरे पाले में जाता था और दूसरी तरफ दबाने से वापस आता था। नॉब घुमाने से बॉल की ऊँचाई बढ़ जाती थी।

इस खेल को ओपन हाउस में रखा गया। इसे देखने के लिए लोग उमड़ पड़े। अगले साल जब फिर से ओपन हाउस का आयोजन किया गया, तो इस खेल में काफी हद तक सुधार आ चुका था। अब गुरुत्वाकर्षण बल में भी परिवर्तन करना संभव हो चुका था। नये खेल खेलने वालों के सामने विकल्प था कि वे चंद्रमा पर टेनिस खेलें या बृहस्पति पर। अर्थात् वे विभिन्न गुरुत्वाकर्षण बलों को चुन सकते थे।

हिजिन बोथम ने लगातार अपने खेल परिवर्तन किये और उन्हें रोचक बनाता रहा। पर उसने अपने उत्पाद का कभी पेटेंट नहीं कराया।

1971 में अटारी इंकारपोरेशन ने विश्व का पहला व्यावसायिक वीडियो गेम तैयार किया। इसमें दो खिलाड़ी नेट पर बॉल मारते थे। यह खेल बहुत सफल रहा। इसके बाद वीडियो खेलों का आरंभ हो गया।

1 सितंबर 1966 को रल्फ बीयर नामक एक इंजीनियर ने बस में बैठे-बैठे वीडियो गेम के जरिये पैसा कमाने की सोची। उसने सोचा कि अगर ऐसे गेम तैयार किये जायँ जिन्हें लोग घर बैठे अपने टेलीविजन पर खेल सकेंगे तो उनकी बिक्री तेजी से होगी।

तीन महीने बाद उसने अपना तैयार किया खेल अपने अधिकारियों को दिखाया। इसमें लोग वीडियो हॉकी खेल सकते थे। बीयर ने बाद के समय में इसमें अनेक सुधार किये तथा 1972 में इस पर पेटेंट हासिल किया। इसी के बाद अटारी कम्पनी ने पोंग नामक वीडियो खेल ईजाद किया।

1989 तक ज्यादातर वीडियो गेम सामान्य किस्म के थे। उसी साल एक जापानी इलैक्ट्रॉनिक्स कंपनी ने डॉकी काँग नामक वीडियो गेम तैयार किया जो एक परियों की कथा पर आधारित था। यह खेल इस कदर हिट हुआ कि छोटी-सी कंपनी निन्तेन्डो एक विशालकाय कंपनी बन गई। 1983 में पैक्मैन नामक एक नया वीडियो गेम आया। यह जापानी शब्द पाकू पर आधारित था जिसका अर्थ है खाना।

खिलौना रेल

बच्चों को रेलगाड़ी दूर से चलती हुई बहुत अच्छी लगती है। जोशुआ लायनेल कोवन को भी यह बहुत भाती थी और मात्र सात वर्ष की आयु में उसने लकड़ी का रेल मॉडल तैयार कर लिया था। उसने इसमें छोटा-सा भाप का इंजन भी बनाकर जोड़ने का यत्न किया पर उसमें विस्फोट हो गया और लकड़ी की खिलौना गाड़ी के परखचे उड़ गए।

पर कोवन ने हिम्मत नहीं हारी और बड़ा होने पर बैटरी से चलने वाली रेलगाड़ी डिजाइन कर डाली। उसने 9 मीटर का गोलाकार रेल ट्रैक तैयार किया और उस पर अपनी गाड़ी चलाकर दिखाई।

उसने एक दुकानदार को राजी किया कि वह इस गाड़ी को अपनी दुकान पर प्रदर्शनी के लिए रख दे। ग्राहकों ने इसे बहुत पसंद किया और

यह लोकप्रिय हो गई। कोवन ने बाद में मालगाड़ी, सवारी गाड़ी, तथा अन्य कई किस्म की गाड़ियाँ तैयार कीं। 1903 में उसने अपनी गाड़ियों का पूरा कैटलॉग तैयार कर लिया। तब से लेकर आज तक लायनेल रेल कंपनी धड़ाधड़ खिलौना रेलगाड़ी बना-बनाकर बेच रही है।

जिग सॉ पहेली

आज बच्चे जिग सॉ पहेली बड़ी रुचि से खेलते हैं। वे एक-एक टुकड़े को जोड़कर पूरा बोर्ड बना देते हैं। इसमें उन्हें बड़ा आनंद आता है।

मजे की बात यह है कि जिग सॉ पहेली की शुरुआत मनोरंजन के लिए नहीं वरन् पढ़ाई के लिए हुई थी। जॉन स्पिल्सबरी नामक अंग्रेज ने 1767 में पहली जिग सॉ पहेली का निर्माण भूगोल पढ़ाने के लिए किया था। उन्होंने लकड़ी के तख्ते पर हाथ से इंग्लैंड का नक्शा तैयार किया था और साथ में वेल्स का नक्शा भी बनाया था।

फिर उन्होंने हर काउंटी को अलग-अलग बनाया और बच्चों को उन्हें जोड़-जोड़कर इंगलैंड व वेल्स का नक्शा तैयार करने को कहा।

बच्चों को आनंद भी आया और अपने देश के आकार-प्रकार के बारे में सीखने को भी मिला। इसके बाद स्पिल्सबरी ने तीस अलग-अलग नक्शों वाली पहेलियाँ तैयार कीं और उन्हें बेचा। वह इसमें काफी सफल रहा पर 1782 में उसने यह व्यवसाय बन्द कर दिया और एक अंग्रेजी स्कूल में कला शिक्षक बन गया।

अठारहवीं सदी के अंत में चित्रों वाली जिग सॉ पहेलियाँ बाजार में आने लगीं। पहले पहल जो पहेली आई थी उसमें एक किसान लड़की एक युवक को दूध से भरा जग दे रही थी।

समय के साथ इन पहेलियों में और सुधार किये गए। अब जो नई पहेलियाँ आने लगीं उनमें एक टुकड़ा दूसरे के साथ पूरी तरह फँस जाता था।

आज जो पहेलियाँ उपलब्ध हैं उनसे अनेक प्रकार का ज्ञान बच्चों को दिया जा सकता है। हर आकार की और हर डिजाइन की पहेलियाँ मौजूद हैं और ऐसी पहेलियाँ भी मौजूद हैं जो कोरी होती हैं तथा माता-पिता

या शिक्षक अपनी-अपनी आवश्यकता के अनुसार उन्हें रंग देते हैं। कुछ छोटी-छोटी पहेलियाँ आती हैं और कुछ बड़े आकार की पहेलियाँ भी आती हैं। कमरे के आकार की पहेली भी आती है।

एक पहेली का आकार 20 फीट लम्बा और 16 फीट चौड़ा था और उसके चालीस हजार टुकड़े थे। इसे जोड़कर सही आकार देना कितना कठिन होगा इसका अंदाजा लगाया जा सकता है।

साहसिक खेल

पहाड़ में चलने वाली साइकिल

साइकिल का निर्माण व विकास लम्बे समय तक चलता रहा। 1839 में स्कॉटलैंड के एक लोहार किर्क पैट्रिक मैकमिलन ने दो पहियों को एक फ्रेम में जोड़ा और पैडल को चेन से पिछले पहिये द्वारा जोड़ दिया। इस तरह तैयार साइकिल को उसने दस घंटे तक चलाया और 112 कि.मी. की दूरी तय की। वह और आगे भी जाता पर उसने अपनी साइकिल से एक

युवती को टक्कर मार दी और खतरनाक रूप से वाहन चलाने के आरोप में उसे जेल भेज दिया गया।

इसके बाद साइकिल की डिजाइन में अनेक परिवर्तन हुए और 1970 में दो डिजाइन प्रमुख रूप से चल रहे थे। एक रेसिंग बाइक की डिजाइन थी जिसके हैंडल मुड़े होते हैं, टायर पतले होते हैं तथा एक से अधिक गियर होते हैं। ये रेसिंग साइकिलें खुली सड़कों के लिए उत्तम साबित होती हैं। वे मैदानी इलाकों में ज्यादा गति पकड़ती है तथा चढ़ाई पर भी चढ़ जाती हैं। पर ऊबड़-खाबड़ जमीन पर उन्हें चलाने में कठिनाई होती है। उनमें कीचड़ मिट्टी आदि भी भर जाती है।

दूसरी ओर बच्चे चौड़े टायर और छोटे तथा मजबूत फ्रेम वाली साइकिल पसंद करते हैं। पर इस बी.एम.एक्स., साइकिल में एक ही गियर होता है तथा ऊँचाई पर पैडल चलाना कठिन हो जाता है।

साइकिल फ्रेम के एक निर्माता जो ब्रीज ने साइकिल फ्रेम में परिवर्तन किया और दोनों प्रकार की साइकिलों के गुणों को मिला दिया। चौड़े टायरों, सीधा हैंडल, हैंड ब्रेक तथा गियरों वाली साइकिल अब ज्यादा उपयोगी हो गई। इससे पहाड़ों पर साइकिल चलाना आसान हो गया और इसे माउंटेन बाइक कहा जाने लगा।

पहले लोग इसके बड़े व चौड़े टायर तथा चौड़े हैंडल को देखकर हिचकिचाते थे पर बाद में जब देखा गया कि इसे शहरों में और पहाड़ों पर दोनों जगह चलाना आसान है तो यह लोकप्रिय होती चली गई।

पैराशूट

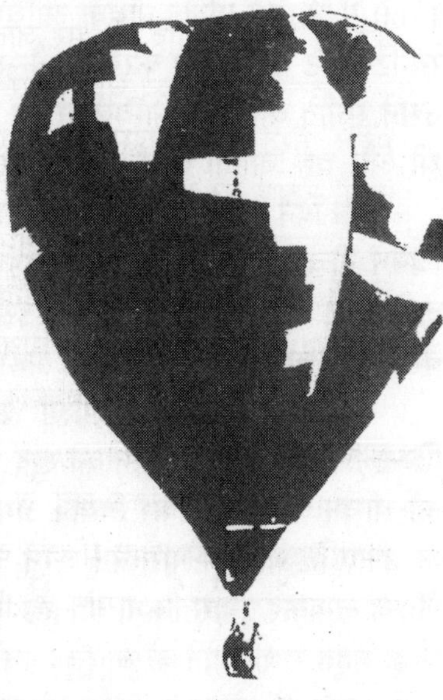

शताब्दियों तक लोग इस बात की कल्पना करते रहे कि ऊँचाई से नीचे हवा के जरिये सुरक्षित तरीके से कैसे उतरा जाय।

1494 में लियोनार्डो द विंसी नामक वैज्ञानिक व चिंतक ने तंबू जैसे पैराशूट का चित्र बनाया और यह बताया कि किस प्रकार यह काम करेगा। पर उसने अपने जीवन काल में इसे बनाया नहीं।

इसके बाद यह विचार वर्षों तक यूँ ही पड़ा रहा। 1783 में जोसेफ माँट गोल्फियर ने वैसा ही पैराशूट अपनी कमर में बाँधा और पेरिस की एक ऊँची इमारत से नीचे कूद पड़ा। उसने पाया कि यह तो बड़ा सुरक्षित है और जलती हुई इमारत से कूदने का सुरक्षित तरीका है। पर ये पैराशूट तभी लोकप्रिय हो पाए जब गर्म हवा वाले बैलून तथा हवाई जहाज का इस्तेमाल बढ़ा।

आज पैराशूट का इस्तेमाल सैनिक व असैनिक कार्यों में बहुतायत से होता है। यह एक साहसिक खेल भी बन गया है।

रोलर स्केट

1760 में जोसेफ मर्लिन नामक आविष्कारक ने अपने नये आविष्कार अर्थात् स्केटिंग सेट का प्रदर्शन करने का फैसला किया। मर्लिन संगीतज्ञ भी था तथा उसने संगीत वाद्य का आविष्कार भी किया था। उसे दिखावे की आदत भी थी और वह चाहता था कि लोग उसकी ओर देखें और ध्यान दें।

उस दिन उसने अजीब-सी पोशाक पहनी और पैरों में रोलर स्केट पहने जिनमें नीचे पहिये लगे थे। अब वह इन स्केटों पर चलता हुआ नृत्य करने लगा और वायलिन बजाने लगा। इस गतिविधि में वह अपना संतुलन खो बैठा और चलते हुए सामने लगे महँगे सुंदर शीशे से जा टकराया।

नतीजा यह हुआ कि शीशा चकनाचूर हो गया। वायलिन बुरी तरह छिन्न-भिन्न हो गया। मर्लिन को खुद भी गहरी चोट लगी। इस घटना ने लोगों को सोचने पर मजबूर कर दिया। अगले सौ सालों तक आविष्कारक मर्लिन के बनाए डिजाइन में परिवर्तन करने का प्रयास करते रहे। कुछ ने अतिरिक्त पहिया लगाकर प्रयास किया तो कुछ ने पहियों की स्थिति में परिवर्तन किया। थोड़ा बहुत सुधार होने के बावजूद स्केटिंग का खेल खतरनाक ही बना रहा।

1863 में जेम्स प्लिपटन नामक फर्नीचर निर्माता और आविष्कारक ने हर जूते में चार पहिये लगाए जिसमें दो आगे थे और दो पीछे। उसने इन पहियों में रबर के कुशन भी लगाए और इससे शेष शरीर के वजन के जरिये संतुलन बनाना आसान हो गया। अब स्केटिंग पहले की अपेक्षा आसान और सुरक्षित हो गई।

प्लिपटन के प्रयासों से सर्दियों की बर्फ पर की जाने वाली स्केटिंग अब गर्मियों में भी आसान हो गई। 1867 में उसने विश्व का पहला स्केटिंग रिंग रोडे द्वीप में बनवाया और वह अत्यंत सफल रहा। 1890 में इस प्रकार के तमाम रिंग अमेरिका और यूरोप में बनाए गए।

बच्चों द्वारा भी प्रयोग किये जाने वाले आधुनिक उपकरण

कम्प्यूटर

बच्चों के प्रिय कम्प्यूटर का पूर्ण विकास होने में 200 वर्ष लगे थे। इस दौरान अनेक लोगों ने इसके विकास हेतु कार्य किया पर चार्ल्स बबाज को कम्प्यूटर का जनक माना जाता है।

चार्ल्स बबाज दरअसल एक अंग्रेज गणितज्ञ था। उसके जमाने में लोग गणना करने के लिए कठिन गणितीय सारणियों को इस्तेमाल करते थे। बैंक वाले ब्याज की गणना के लिए चार्ट का इस्तेमाल करते थे। खगोल शास्त्री ग्रहों की गति जानने के लिए तथा जलयानों के कप्तान अलग-अलग सारणियों का उपयोग करते थे। ये लोग सारणियों, सूत्रों का इस्तेमाल करके लम्बी-लम्बी गणना करते थे और जरा-सी गलती से परिणाम बदल जाता था।

1812 में चार्ल्स बबाज मात्र 21 वर्ष का था और उसके मस्तिष्क में विचार आया कि इसके लिए मशीन बनाई जा सकती है जो तेजी से व सटीक गणना कर सकती है। इसके साथ ही बबाज ने कार्य प्रारम्भ कर दिया। 1822 में उसने एक यांत्रिक कैलकुलेटर का निर्माण कर दिया जिसे डिफरेंस इंजन कहा जाता था। यह मशीन दशमलव के आठवें स्थान तक सही गणना करती थी। उस समय गणना करने की जितनी प्रणालियाँ थीं, यह मशीन उन सबसे तेज थी। पर बबाज को इससे संतुष्टि नहीं थी। वह और तेज मशीन चाहता था। वह यह भी चाहता था कि उसकी मशीन दोहराने वाली गणना अपने आप कर ले तथा अपनी संख्याएँ या परिणाम स्टोर कर ले और परिणाम छाप कर दे।

बबाज ने नई मशीन के लिए जो भाप के इंजन से चलने वाली थी, तरह-तरह के नक्शे, पुर्जों की सूची आदि तैयार करना प्रारम्भ कर दिया। मशीन दैत्याकार थी तथा इसमें तमाम सिलेंडर, पहिये, लीवर, रॉड, स्प्रिंग

आदि लगने थे। इसमें निर्देश पंच्ड कार्ड के जरिये दिये जाने थे तथा इसमें होने वाले छिद्रों से संख्याओं आदि की जानकारी मिलनी थी। ज्यों-ज्यों कार्ड आगे बढ़ते, लीवर व गियर सक्रिय हो जाते, पहिये पलटते और मशीन गणना करती। सूचना दर्ज करने का भी इसमें प्रावधान था। साथ में लगा प्रिंटर इसे छापता।

चार्ल्स बबाज को इस मशीन के निर्माण में असंख्य समस्याओं का सामना करना पड़ा। बीच-बीच में उसे अपनी मशीन में अनेक सुधार करने पड़े और इस कारण उसके कर्मचारियों का बहुत-सा काम बर्बाद भी हो गया। उसके वित्तीय सहायकों ने पैसा देना बंद कर दिया और उसे अपना पैसा भी लगाना पड़ा। उस समय के गणितज्ञ उसके प्रयासों का मजाक बनाते थे और उसके प्रयासों को बेवकूफी भरा और खतरनाक बताते थे।

37 साल तक चार्ल्स बबाज अपने अनालिटिकल इंजन के निर्माण में लगा रहा। उसकी मशीन में सटीक पुर्जों की जरूरत थी जिनका निर्माण उस समय संभव नहीं था। हालाँकि उसके कम्प्यूटर में आधुनिक कम्प्यूटर के सभी हिस्से थे, जैसे इनपुट, सेंट्रल प्रोसेसिंग यूनिट, मेमोरी, प्रिंटर आदि।

वर्षों तक यह एनालिटिकल इंजन एक अजायबघर की तरह पड़ा रहा। जब इलैक्ट्रॉनिक ट्यूब का निर्माण हुआ तो वैज्ञानिक कंप्यूटर निर्माण के लिए आगे बढ़े। तब अनालिटिकल इंजन को गंभीरता से परखा गया। सभी को यह देखकर आश्चर्य हुआ कि जो कुछ वे आज सोच रहे हैं, उसे चार्ल्स बबाज ने तो बहुत पहले ही कर रखा था।

आखिर कम्प्यूटर बन ही गया। पहला काम करने वाला कम्प्यूटर विशालकाय था और कई कमरों के बराबर जगह घेरता था। इसका कुल वजन कई टन था। इसमें हजारों ट्यूबों का इस्तेमाल किया गया था।

धीरे-धीरे कुछ आविष्कारों ने कम्प्यूटर के आकार को छोटा करना प्रारम्भ किया। 1943 में पॉल ऐसलर नामक जर्मन इंजीनियर ने पहलेपहल प्रिंटेड सर्किट बोर्ड को पेटेंट कराया। इससे जटिल वायरिंग बोर्ड पर तांबे की फायल (परत) पर आने लगी और सर्किट की जटिलता कम हो गई।

1947 में तीन अमेरिकी वैज्ञानिकों विलियम शॉकले, जॉन बरडीन तथा वाल्टर ब्रेटेन ने ट्रांजिस्टर का आविष्कार कर डाला। इससे विद्युत धारा को

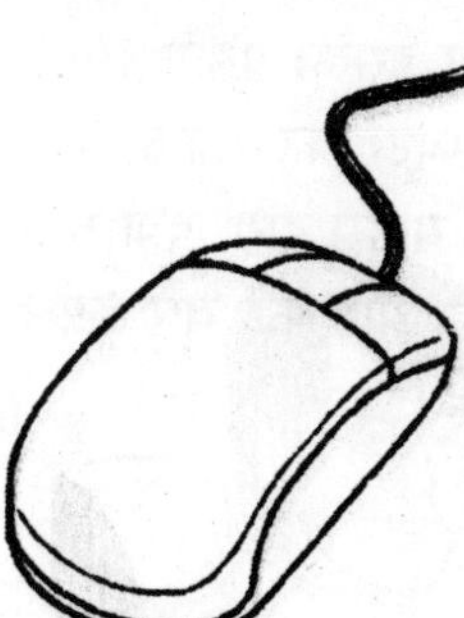

बढ़ाना, कम करना, रोकना आदि आसान हो गया। बड़े ट्यूबों की अपेक्षा ट्रांजिस्टर जंगह भी कम लेने लगे और ऊर्जा भी।

1958 में अमेरिकी वैज्ञानिकों जैक किल्बी और राबर्ट नौर्टन नौयसे ने माइक्रोचिप्स कां आविष्कार किया। अब सिलीकॉन सेमीकंडक्टर की पतली परत में बहुत सारे इलैक्ट्रॉनिक पुर्जे समाने लगे। इससे छोटी-सी जगह में बहुत सारे सर्किट समाने लगे और इलैक्ट्रॉनिक उपकरणों का आकार घटने लगा।

1950 में योशिरों नाकामत्स नामक जापानी आविष्कारक ने फ्लॉपी डिस्क का आविष्कार कर दिया। इसमें एक छोटी-सी मैग्नेटिक शीट पर कम्प्यूटर से इलैक्ट्रॉनिक पल्सेस दर्ज होने लगी। अब लम्बे-लम्बे कम्प्यूटर प्रोग्राम तथा आँकड़े छोटी-सी जगह में समाने लगे तथा उन्हें वापस लेना, दूसरी जगह स्थानांतरित करना आसान हो गया।

इसके बाद कम्प्यूटर में हार्ड डिस्क का प्रयोग होने लगा। इसमें कई मैग्नेटिक डिस्क एक साथ सैंडविच कर दी जाती हैं। उन्हें बन्द कवर में रखा जाने लगा ताकि उसमें धूल आदि न प्रवेश कर पाए।

कम्प्यूटर की गति बढ़ाने के लिए माउस का आविष्कार अमेरिकी आविष्कारक डगलस एंग्लेबार्ट ने 1965 में किया पर इसका प्रयोग 1983 में प्रारम्भ हुआ। माउस को मैट पर हिला कर कम्प्यूटर को संकेत भेजा जाता है और इच्छित स्थान पर संदेश भेजा जाता है। माउस द्वारा दिया गया क्लिक संदेश कम्प्यूटर द्वारा स्वीकार किया जाता है और कई बार इससे कम्प्यूटर को दिया जाने वाला निर्देश पूरा हो जाता है।

मैग्नेटिक टेप

स्टील के तार पर काफी दिनों तक रिकॉर्डिंग होती रही। आज भी स्टील के तार पर रिकॉर्डिंग का उपयोग फ्लाइट रिकार्डर अर्थात ब्लैक बॉक्स जो हवाई जहाज के साथ चलता है, में होता है।

1928 में स्टील के तार पर रिकॉर्डिंग के स्थान पर कागज या प्लास्टिक के टेप का इस्तेमाल होने लगा जिस पर चुम्बकीय पाउडर की परत चढ़ी होती है यह हल्का होता है, ज्यादा लचीला होता है तथा इस पर एक बार में कई ट्रैक बनाए जा सकते हैं।

बाद में वीडियो रिकॉर्डिंग भी मैग्नेटिक टेप पर होने लगी। वीडियो संकेतों से भी ध्वनि संकेतों की तरह ही चुम्बकीय आकृतियाँ बनाई जाती हैं।

विश्व का पहला वीडियो रिकार्डर 1956 में बना जो एक पियानो के आकार का था। इसमें जो टेप इस्तेमाल किया जाता था, वह 5 सेंटीमीटर चौड़ा होता था। धीरे-धीरे दोनों का आकार छोटा होता चला गया।

इंटरनेट

इंटरनेट का आविष्कार रक्षा उद्देश्यों के लिए किया गया था। 1969 में अमेरिका में रक्षा अड्डे जगह-जगह फैले हुए थे। उनको कम्प्यूटरों द्वारा एक-दूसरे से जोड़ा गया था। पर सेना के सामने इससे एक समस्या भी आ खड़ी हुई। उन्हें लगा कि यदि एक अड्डे पर आक्रमण के कारण एक कम्प्यूटर निष्क्रिय हो जाय तो पूरी की पूरी चेन बिगड़ जाएगी। इससे विभिन्न अड्डों के बीच संचार व्यवस्था के बिगड़ जाने की संभावना थी। सारी की सारी सूचना नष्ट होने की भी संभावना थी।

अब विशेषज्ञों ने तय किया कि अगर कम्प्यूटरों को वेब के जरिये एक-दूसरे से जोड़ा जाय तो एक कम्प्यूटर के बिगड़ने पर भी बाकी कम्प्यूटर एक- दूसरे से संपर्क में बने रहेंगे। इसके साथ ही सभी अमेरिकी अड्डों को जोड़ दिया गया। यह कार्य अत्यंत सफल रहा।

इसके साथ ही विश्वविद्यालयों ने भी सोचना प्रारम्भ किया कि वे भी अपने शोध कार्यों तथा सूचना तंत्र को एक-दूसरे से जोड़ दें। बड़ी-बड़ी कंपनियाँ भी पीछे नहीं रहीं और उन्होंने भी एक-दूसरे से संपर्क साधा। इसके साथ ही अनेक नेटवर्क एक-दूसरे से जुड़ने लगे। धीरे-धीरे इंटरनेट पूरे विश्व पर छा गया।

टेलीफोन

1870 तक एक संदेश दूसरी जगह भेजने का सबसे तीव्र साधन टेलीग्राफ ही था। दुर्भाग्यवश उस समय तक एक ही संदेश एक टेलीग्राफ लाइन में एक बार में भेजा जा सकता था। अलैक्जेंडर ग्राहम बैल नामक एक व्यक्ति मूक बधिरों के शिक्षक थे और उन्होंने थामस वाट्सन को साथ लेकर नये संचार संयंत्र के आविष्कार का बीड़ा उठाया।

उन्होंने अपनी प्रयोगशाला में कुछ विद्युत चुम्बक, स्प्रिंग, तार आदि लेकर प्रयोग करना प्रारम्भ कर दिया। वे तारों के जरिये मौखिक संदेश एक जगह से दूसरी जगह भेजना चाहते थे। 2 जून 1875 को वे एक बार निराश हो गए। उनका अब तक का तैयार किया हुआ संयंत्र ठप्प हो गया क्योंकि एक स्प्रिंग जाम हो गया था। तभी बैल के रिसीवर में हम...आवाज आने लगी और साथ में वैसी आवाज भी थी जैसी स्प्रिंग निकालने की कोशिश में आती है।

बैल को विश्वास हो गया कि आवाज तारों के जरिये भेजी जा सकती हैं। अगले कई महीनों तक बैल और वाट्सन इस काम में जुटे रहे और अपने संयंत्र में सुधार करते रहे। अंततः 10 मार्च 1876 को शुक्रवार का दिन था और सुबह-सुबह बैल ने टेलीफोन के माउथ पीस पर बोलने की तैयारी की। कई कमरे छोड़कर बाद वाले कमरे में वाटसन से कहा कि यहाँ आओ, मुझे तुमसे काम है। वाटसन जल्दी से आ गया। यह एक ऐतिहासिक घटना थी।

अब तक लोग डॉट-डेश से संदेश पाकर उनका सामान्य भाषा में अनुवाद कर पाते थे। अब मनुष्य की आवाज आराम से तारों पर विचरण करने लगी।

टेलीफोन रिसीवर उठाकर पहले पहल क्या बोला जाए इस पर भी काफी विचार किया गया। ग्राहम बैल ने हॉय-हॉय बोलना सुझाया। बाद में जब थामस एडीसन ने इसमें काफी सारे सुधार करके इसे और जनोपयोगी बनाया तो उन्होंने टेलीफोन उठाते समय हैलो बोलना प्रारम्भ किया। इसके साथ ही हैलो की परंपरा चल पड़ी और यह आज भी चल रही है।

पहले टेलीफोन कनैक्शन देने का काम आपरेटर किया करते थे। 1891 में अल्मोन बी. स्ट्राउजर नामक व्यवसायी को लगा कि उसके व्यावसायिक

प्रतिद्वंद्वी इन आपरेटरों को पैसा देकर उसकी कॉल आने नहीं दे रहे हैं। इस कारण उसे व्यावसायिक नुकसान का सामना करना पड़ रहा है। उसने इन आपरेटरों की छुट्टी करने का फैसला कर लिया। उसने ऐसा एक्सचेंज बनाकर पेटेंट करा लिया जिससे बात करने वाला नंबर डायल करके सीधे दूसरे व्यक्ति से संपर्क करने लगा।

पहले सिर्फ निजी फोन होते थे। जिसके पास फोन नहीं होता था उसे दूसरे से निवेदन करके फोन का इस्तेमाल करना पड़ता था। विलियम ग्रे नामक व्यक्ति की पत्नी 1887 में अचानक बीमार पड़ी। उसने काफी देर तक टेलीफोन ढूँढ़ा और तब जाकर वह डाक्टर को टेलीफोन कर पाया।

अब उसने फैसला किया कि वह ऐसे सार्वजनिक फोन तैयार करेगा जिनमें पैसा डालकर लोग फोन कर सकेंगे। इसके साथ ही ऐसे फोन तैयार हो गए जो सार्वजनिक फोन बूथ के रूप में आज भी काम आते हैं।

जब मनुष्य तारों के जरिये बात करके ऊब गया तो उसे लगा कि बिना तारों के बात करने का इन्तजाम भी होना चाहिए। इसके साथ ही प्रारम्भ हुई सेलूलर फोन सेवा। इसमें विभिन्न क्षेत्रों को छोटे-छोटे सेलों में बाँटा जाता है। इसमें सेलूलर फोन से निकलने वाली कॉल के विद्युत संकेत रेडियो संकेतों में परिवर्तित होकर निकटतम सेल में जाते हैं और फिर दूसरे सेलों में प्रसारित होते हैं। कम्प्यूटर द्वारा निर्देशित होकर ये संकेत सही सल्फोन या सामान्य फोन तक पहुँच जाते हैं।

फैक्स

उन्नीसवीं सदी में गियोवानी कैसेली नामक एक पादरी था जिसे विज्ञान का भी अच्छा ज्ञान था। उसने अनेक प्रकार की वैज्ञानिक पत्रिकाएँ पढ़ी थीं तथा अपने घर को एक प्रयोगशाला में तब्दील कर लिया था जहाँ वह अपने प्रयोग किया करता था।

उस समय टेलीग्राफ संचार का एक अच्छा माध्यम था जिसके जरिये संदेश दूर-दूर तक कम से कम समय में पहुँच जाता था। कैसेली को लगा कि इस संचार संयंत्र में सीमाएँ हैं। एक बार में एक ही संदेश जाता है। मूल संदेश को कूटभाषा में बदला जाता है और फिर वापस सामान्य भाषा में बदला जाता है। इसके लिए विशेष रूप से प्रशिक्षित आपरेटरों की भी आवश्यकता पड़ती है।

कैसेली ने टेलीग्राफ संयंत्र में सुधार करने का निर्णय लिया। उसने अपनी प्रयोगशाला में बैटरियों, तारों, कॉयलों, घड़ियों के पुर्जों आदि को जोड़-जाड़कर नये मॉडलों को तैयार करने का प्रयास किया। इस बीच उसके साथी उसे पागल कहते रहे।

अंततः 1863 में उसने अपने आविष्कार को जगजाहिर किया और उसका नाम पैंटलेग्राफ रखा। अजीब-सा दिखनें वाला यह दो मीटर ऊँचा पियानो के आकर का संयंत्र था। इसके एक ओर ट्रांसमीटर था और दूसरी ओर रिसीवर। बीच में पेंडुलम था। साथ में लगी घड़ी पेंडुलम को हिलाती रहती थी और बैटरी संयंत्र को ऊर्जा प्रदान करती थी।

संदेश भेजते समय भेजने वाला धातु की प्लेट पर स्याही से लिखता था। उसके बाद वह प्लेट पेंटलेग्राफ के पेंडुलम के नीचे रखी जाती थी। पेंडुलम की धातु की टिप प्लेट पर झूलती थी तथा सतह से संपर्क बनाती थी।

जब वह बिना स्याही के हिस्से से संपर्क में आती थी तो विद्युत सर्किट बनता था और दूसरे पेंटलेग्राफ के दूसरे पेंडुलम को ऊर्जा जाती थी।

दूसरी ओर संदेश प्राप्त करने वाला पेंडुलम रासायनिक रूप से संवेदनशील कागज के ऊपर चलता था। जब भी विद्युत संकेत आता था कागज का उस जगह का रंग उड़ जाता था। सिर्फ वह हिस्सा बच जाता था जो लिखे हुए हिस्से से आता था। इस प्रकार तारों के जरिये शब्द ज्यों के त्यों आ जाते थे और मोर्स कोड की आवश्यकता नहीं पड़ती थी। हस्तलिखित नोट, छपे नोट, नक्शे, तस्वीरें आदि एक जगह से दूसरी जगह एक साथ एक ही तारों के जोड़े से जाने लगे।

कैसेली का आविष्कार विश्व की पहली व्यावहारिक फैक्स मशीन थी। फ्रांसीसी सरकार ने तुरन्त इसका मूल्य पहचाना और टेलीग्राफ लाइनों के सहारे पेरिस और लायन के बीच फैक्स लाइन बिछा दी। पेंटलेग्राफ से एक घंटे में 40 संदेश भेजे जा सकते थे। धीरे-धीरे फ्रांस की सरकार ने दूसरे इलाकों में भी पेंटलेग्राफ लगाए।

पर यह व्यवस्था ज्यादा दिन नहीं चली। 1870 में जब युद्ध छिड़ा तो फैक्स सेवा तहसनहस हो गई। जब युद्ध समाप्त हो गया तो इसे दोबारा प्रारम्भ करना संभव नहीं हुआ क्योंकि यह संयंत्र समय से काफी आगे चल रहा था। धीरे-धीरे पेंटलेग्राफ गायब हो गया।

कई दशकों बाद फैक्स द्वारा संचार प्रणाली दोबारा प्रारंभ हुई और अब तक तकनीक काफी विकसित हो चुकी थी। अब छोटे-छोटे उपकरणों के इस्तेमाल से फैक्स करना संभव हो गया। आधुनिक फैक्स मशीन में कम्प्यूटर के जरिये तस्वीरों और संदेशों को डिजीटल संदेशों में परिवर्तित किया जाता है और उन्हें टेलीफोन के तारों की सहायता से भेजा जाता है जहाँ वे वापस शब्दों व तस्वीरों में बदले जाते हैं तथा प्रिंटर पर छप जाते हैं।

अपने आप उत्तर देने वाली मशीन

डेनमार्क की राजधानी कोपेन हेगेन स्थित कोपेन हेगेन टेलीफोन कंपनी में वाल्डीमार पॉलसन नामक एक तकनीशियन काम करता था। उसने देखा कि टेलीफोन आपरेटरों को अधिकतर मामलों में एक जैसा जवाब देना पड़ता है। यदि संदेश रिकार्ड करने वाली मशीन तैयार हो जाए तो काम आसान हो जाएगा और संदेश ग्राहकों तक पहुँच जाएगा।

पॉलसन ने स्कूल में किये गए प्रयोग को याद किया और सोचने लगा कि जब लोहे का चूरा एक चुम्बक के पास रखा जाता था तो लोहे के टुकड़े एक निश्चित आकार में सज जाते थे। इसी तरह जब बिजली के तार में विद्युत धारा प्रवाहित की जाती थी तो वह भी चुम्बक की ही तरह काम करता था और लोहे का चूरा उसी आकार में सज जाता था।

पॉलसन ने यह भी जानकारी हासिल कर ली कि टेलीफोन के ट्रांसमीटर में ध्वनि विद्युत इंम्पल्सेस में बदल जाती है। रिसीवर में यही विद्युत इम्पल्सेस वापस ध्वनि में बदल जाती है। अब पॉलसन ने नया तरीका तैयार करना प्रारम्भ किया जिससे विद्युत इम्पल्स से चुम्बकीय आकार बने और उसे धातु की पत्ती पर दर्ज कर लिया जाय। इसके बाद उस चुम्बकीय आकार से विद्युत इम्पल्स तैयार की जाय और उनसे पुनः ध्वनि उत्पन्न की जाय।

पॉलसन लगातार अध्ययन करता रहा तथा 1898 में उसने रिकॉर्डिंग मशीन बनाने का काम प्रारम्भ किया। उसकी मशीन में एक चुम्बकीकृत स्टील का तार दो धुरियों के बीच घूमता था। जब भी कोई मशीन में बोलता था तो ध्वनि से विद्युत इम्पल्सेस उत्पन्न होती थीं तथा स्टील के तार पर चुम्बकीय आकृति उत्पन्न कर देती थी। जब उस चुम्बकीय तार को फिर से चलाया जाता था तो आवाज वापस उत्पन्न होती थी।

पॉलसन ने काफी परिश्रम किया पर उसकी मशीन के बड़े आकार और आवाज की घटिया गुणवत्ता के कारण वह लोकप्रिय नहीं हो पाई। पर पॉलसन ने यह साबित कर दिया कि चुम्बकीय रिकॉर्डिंग संभव है। आगे आने वाले आविष्कारकों ने इसका भरपूर लाभ उठाया और इसमें लगातार सुधार करके प्रभावशाली टेप रिकार्डिंग मशीन बना डाली।

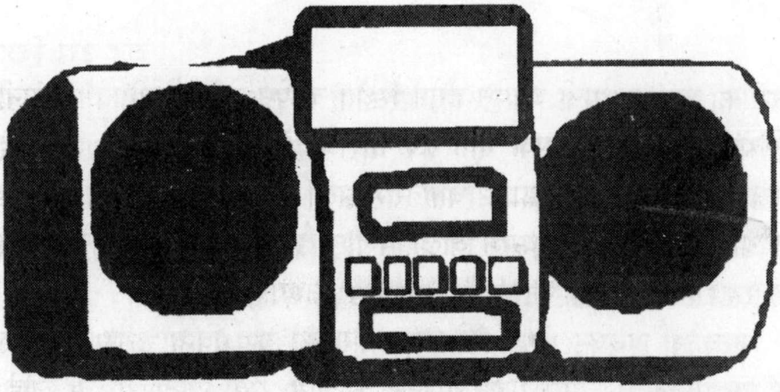

रेडियो

रेडियो का आविष्कारक गुग्लील्मो मारकोनी बचपन में शरारती भी था और पढ़ने में अत्यंत कमजोर भी था। एक बार उसने अपने घर की प्रयोगशाला में छेड़छाड़ की जिससे उसके पिता नाराज हो गए। स्कूल में भी मारकोनी का पढ़ाई में प्रदर्शन कमजोर ही रहा। शिक्षक उसकी लगातार शिकायत करते रहे। पिता ने भी पढ़ाई के लिए काफी सख्ती की।

मारकोनी बचपन से ही वैज्ञानिक व इंजीनियर बनना चाहता था। वह वैज्ञानिक पत्रिकाएँ लगातार पढ़ता रहता था। वह विश्वविद्यालय की प्रवेश परीक्षा तो पास नहीं कर पाया पर इलैक्ट्रिसिटी और मैग्नेटिज्म में जितना ज्ञान उसे था, उतना बड़े-बड़े प्रोफेसरों को भी नहीं था।

मारकोनी जर्मन वैज्ञानिक हैमरिच हर्टज से काफी प्रभावित था। हर्टज ने खोज की थी कि जब भी बिजली का स्पार्क होता है तो निकलने वाली अदृश्य किरणों से ऊर्जा दूर-दूर तक पहुँच जाती है। मारकोनी ने इस खोज का महत्त्व जल्दी ही समझ लिया और उसने बिना तार जोड़े दूर-दूर तक संकेत भेजने के लिए उपयुक्त संयंत्र बनाना प्रारम्भ कर दिया।

पिता द्वारा आपत्ति व्यक्त करने के बावजूद मारकोनी ने उनकी प्रयोगशाला में काम करना प्रारम्भ कर दिया। कुछ उपकरण उसने खुद बनाए और कुछ उसने पास के विश्वविद्यालय से उधार लिए। काफी मेहनत करने के बाद उसने एक कामचलाऊ ट्रांसमीटर बना दिया। उसने एक तरफ एक टर्मिनल लगाया और दूसरी तरफ एक रिसीवर लगाया।

1895 में मारकोनी ने तमाम असफलताएँ झेलने के बाद एक संकेत भेजा जिसने दूसरी तरफ घंटी बजा दी। अब उसने बाहर अपना संयंत्र लगाया और थोड़ी दूर संदेश भेजा जो अत्यंत कमजोर संदेश था। इसके बाद उसने

अपने सुधार जारी रखे और एक पहाड़ी पर अपना संयंत्र लगाया। 1895 के मध्य में उसने लगभग एक किलोमीटर दूर अपना संदेश भेजा। अब उसकी सफलता से उसके पिता भी प्रभावित हुए।

लगातार प्रयोगों के बाद मारकोनी ने अपने संदेश की शक्ति बढ़ाई और दूर–दूर संदेश भेजना प्रारम्भ किया। 1899 तक मारकोनी ने 43 किलोमीटर चौड़ी इंगलिश चैनल के उस पार तक संकेत भेजने में सफलता पा ली। पर मारकोनी को संतुष्टि नहीं हुई और उसका अगला लक्ष्य अटलांटिक महासागर के उस पार संकेत भेजना था।

1900 में उसने इंग्लैंड के समुद्री तट पर अपना ट्रांसमीटर लगाया और दूसरी ओर अमेरिका में समुद्र किनारे रिसीवर लगाया। काफी तैयारी व प्रयोगों के बाद उसने गुब्बारों में रिसीवर रखकर उन्हें और ऊँचाई प्रदान की तथा 3000 किलोमीटर चौड़े अटलांटिक महासागर के पार संदेश भेजा। इस बार बिना तारों के संदेश भेजने की प्रक्रिया प्रारम्भ हो गई।

कालांतर में लोग रेडियो के जरिये गाने, नाटक समाचार सुनने लगे। विभिन्न देशों में प्रसारण सेवा प्रारम्भ हो गई। ब्रिटिश बॉडकास्टिंग सेवा प्रारंभ हो गई। भारत में भी कलकत्ते में प्रसारण सेवा प्रारम्भ हो गई।

पहले रेडियो में वैक्यूम ट्यूब इस्तेमाल होते थे। बाद में जब तीन अमेरिकी वैज्ञानिकों ने ट्रांजिस्टर का आविष्कार किया तो बड़े आकार के ट्यूबों के स्थान पर छोटे-छोटे ट्रांजिस्टरों का प्रयोग होने लगा। इसमें अब ऊर्जा भी कम लगती थी। ट्रांजिस्टर सेटों का आकार कम हो गया।

धीरे-धीरे ट्रांजिस्टर और टेपरिकार्डर को मिलाकर एक कर दिया गया और टू-इन-वन के नाम से यह लोकप्रिय हो गया। एक ओर प्रसारित कार्यक्रमों का आनंद आने लगा तो दूसरी ओर टेप किये गए गानों का मजा भी मिलता रहा।

टेलीविजन

बीसवीं सदी के तीसरे दशक में पूरे विश्व में जगह-जगह एक दर्जन लोग इस प्रयास में जुटे थे कि जिस तरह ध्वनि बिना तारों के एक जगह से दूसरी जगह पहुँचाई जा सकती है, उसी प्रकार चित्रों को पहुँचाने का इन्तजाम क्यों न किया जाय।

34 वर्ष की आयु में भी स्कॉटलैंड में जन्मे इंजीनियर जॉन लोगी बेयर्ड की जेब में फूटी कौड़ी नहीं थी तथा वह अत्यंत दुःखी था। उसके पास मुकम्मल नौकरी भी नहीं थी।

1923 में एक दिन वह घूमने गया। उसी समय उसके मन में विचार आया कि अगर रेडियो के जरिये दूर की आवाज पास लाई जा सकती है तो दूर के चित्र भी लाए जा सकते हैं। इसके लिए इलैक्ट्रॉनिक सर्किटों का सहारा लेना चाहिए।

घर लौटते समय बेयर्ड ने अपनी योजना बना ली तथा बिजली के पंखे से निकली पुरानी मोटर, पुराना बिस्कुट का डिब्बा, सुइयाँ, साइकिल की लाइट का शीशा आदि चीजें जुटा लीं। अब वह इनको तरह-तरह से जोड़ने लगा।

उसने चाय के बक्से में बिजली की मोटर लगाई। गत्ते के टुकड़ों को स्कैनिंग डिस्क की तरह इस्तेमाल किया। सुइयाँ मोटर पर लगाई गई थीं तथा बिस्कुट के बक्स में एक लैम्प लगाया गया। पूरे के पूरे तामझाम को रस्सी, गोंद, मोम आदि से जोड़ा गया।

बेयर्ड ने कई महीनों तक अपने अजीबोगरीब संयंत्र में तरह-तरह के प्रयोग किये। फरवरी 1924 में उसने एक सफेद चादर पर एक चित्र का प्रतिबिम्ब उतारने में सफलता हासिल कर ही ली। इससे उत्साहित होकर

उसने आगे काम बढ़ाने का फैसला किया और अपने एक मित्र से उधार भी ले लिया तथा जूते पालिश करने, रेजर ब्लेड बेचने जैसे अंशकालिक काम भी किये। वह जो भी कमाता, अपने प्रयोगों में लगाता तथा अपनी प्रयोगशाला में हर दम जुटा रहता था।

दो अक्टूबर 1925 को बेयर्ड ने एक प्रतिबिम्ब एक जगह से दूसरी जगह भेजने में सफलता हासिल कर ही ली। इससे खुश होकर वह नीचे गया। और वहाँ विलियम टेन्टन नामक व्यक्ति को यह लालच दिया कि वह उसे विश्व का पहला टेलीविजन स्टार बना देगा।

उसने उस व्यक्ति को ट्रांसमीटर से पहले खड़ा किया। फिर वह दूसरे कमरे में देखने गया कि पर्दे के ऊपर क्या प्रभाव पड़ा है। उसे यह देखकर निराशा हुई कि कोई प्रभाव नहीं पड़ा है। उसे विश्वास ही नहीं हुआ और वह वापस देखने आया। उसने पाया कि वह नवयुवक तेज पड़ रही रोशनी से डर कर दूर किनारे खड़ा हो गया था।

किसी तरह जॉन बेयर्ड ने उसे मनाया और कुछ पैसे भी दिये। अबकी बार वह खड़ा होने को राजी हो गया। उसने अपना सिर बताई गई दिशा में रखा और बेयर्ड ने दूसरे कमरे में जाकर देखा कि उसकी शक्ल पर्दे पर साफ आ रही थी। वास्तव में वह विश्व का पहला व्यक्ति बन गया जिसकी टेलीविजन पर तस्वीर आई थी और इस सम्मान को पाने के लिए उसे रिश्वत भी मिली थी।

जब बेयर्ड ने अपने आविष्कार को दुनिया के सामने प्रदर्शित किया तो वह रातोंरात प्रसिद्ध हो गया तथा अनेक लोग उसके काम में पैसा लगाने के लिए तैयार हो गए। 1929 में ब्रिटिश ब्रॉडकास्टिंग कारपोरेशन ने बेयर्ड के संयंत्र का इस्तेमाल अपने टेलीविजन प्रसारण के लिए किया।

पर बेयर्ड की सफलता ज्यादा दिन नहीं चली। सुदूर अमेरिका में फिलो फार्नसवर्थ तथा ब्लाडीमीर जोरिकीन जो स्वतंत्र रूप से आविष्कार कर रहे थे, ने इलैक्ट्रॉनिक उपकरणों का इस्तेमाल करके ज्यादा साफ चित्र भेजना प्रारम्भ कर दिया। उनके सामने बेयर्ड का यांत्रिक संयंत्र ठहर नहीं पाया।

बेयर्ड दुखी होकर टेलीविजन की दुनिया से दूर चला गया और दूसरे काम धंधों में लग गया। 58 वर्ष की आयु में उसका देहान्त हो गया।

टेलीविजन की दुनिया में प्रगति जारी रही और इसकी कीमत भी कम होने लगी। 1941 में प्रयोग के तौर पर रंगीन प्रसारण किया गया। दस साल बाद 1951 में नियमित रंगीन प्रसारण होने लगा। वैज्ञानिक विकास के साथ टेलीविजन में और चीजें भी जुड़ने लगीं तथा इसका प्रयोग बहुत सारे कामों में होने लगा। अस्पतालों में मरीज की देखरेख से लेकर सुरक्षा तंत्र में भी इसका उपयोग होने लगा।

धीरे-धीरे बड़े-बड़े आकार के पर्दे पर टी.वी. द्वारा भेजी तस्वीर आने लगी। टी.वी. के तमाम चैनल उपलब्ध हो गए। मनुष्य अब जब चाहे जहाँ चाहे, प्रसारण देख सकता है। अब टेलीविजन सिर्फ मनोरंजन का साधन नहीं है। यह ज्ञान व सूचना का असीम भंडार है।

धीरे-धीरे टेलीविजन का प्रयोग अन्य रूपों में भी होने लगेगा।

धीरे-धीरे टेलीविजनों की संख्या बढ़ने लगी। 1931 में 30 हजार टेलीविजन थे जबकि आज दस करोड़ से अधिक टेलीविजन मौजूद हैं।

म्यूजिक सिस्टम

किसी जमाने में चंद संगीतकार होते थे और वे विशेष मौकों पर ही संगीत कार्यक्रम प्रस्तुत करते थे। उनका आनंद चंद लोग वे भी धनवान लोग ही उठा पाते थे।

आम आदमी को मधुर संगीत का आनंद प्रदान करने का श्रेय एक बधिर व्यक्ति को जाता है। थामस एडीसन नामक इस महान आविष्कारक ने 1000 से भी अधिक पेटेंट हासिल किये तथा उनमें से अनेक ध्वनि संबंधित थे और उनका वह खुद आनंद नहीं ले पाता था।

थामस एडीसन ने न सिर्फ स्वयं आविष्कार किये वरन दूसरों के आविष्कारों में सुधार करके उन्हें जनोपयोगी बनाया। एक दिन वह अलैक्जेंडर ग्राहम बैल द्वारा आविष्कृत टेलीफोन का अध्ययन कर रहा था, तभी उसने इसके रिसीवर को ध्यान से देखा। जब उसने इसे मुँह के सामने रखकर बोलना प्रारम्भ किया तो उसने देखा कि इसका डायफ्राम जो एक पतली परत होती है, हिली उसने यह भी देखा कि जितनी जोर से आवाज होती है डायफ्राम में कंपन उसी के अनुरूप होता है। उसने कंपन का अनुमान लगाने के लिए डायफ्राम पर एक स्टील की सूई लगाई। अब उसने देखा कि जब भी वह बोलता था तो सूई उछलती थी।

उसने सूई पर अपनी उँगली रखी तो उसे सूई की गतिविधि स्पष्ट अनुभव होने लगी। एडीसन ने अब और नुकीली सूई लगाई और महसूस किया कि सूई अब उसकी उँगली पर गड़ने लगी।

एडीसन को अब और मजा आने लगा। वह लगातार सोचता रहा और उसे लगा कि अगर ध्वनि से सूई उछलती है और कंपन होता है तो हिलने

वाली सूई नरम पदार्थ पर स्क्रैच डालेगी। यदि स्क्रैच हुए पदार्थ पर सूई दोबारा चलाई जाएगी तो शायद ध्वनि वापस पैदा हो जाए।

अब एडीसन ने एक मोटा कागज लिया और उसे सूई के पास रखा। अब उसने रिसीवर पर कुछ बोलना प्रारम्भ किया। कागज पर सूई ने छेद कर दिये। उसने दूसरी बार कागज लगाया और फिर देखा तो पाया कि इस बार भी वैसे ही छेद बने हैं। जब सूई को वापस उस कागज पर घुमाया तो एडीसन को अपनी जैसी आवाज पर अत्यंत धीमी सुनाई दी। इसके साथ ही ध्वनि रिकार्ड करने वाले संयंत्र के निर्माण की प्रक्रिया प्रारम्भ हो गई।

अब बोलने वाली मशीन तैयार करने की प्रक्रिया में एडीसन ने एक ताँबे का सिलिंडर लिया जिसके चारों ओर टिन की एक अत्यंत पतली परत थी। साथ में एक भोंपू लिया और 'मेरी हैड ए लिटिल लैंब' नामक कविता उस भोंपू में मुँह डाल कर पढ़ी। जैसे-जैसे एडीसन कविता पढ़ता गया, साथ लगी सूई उस टिन की परत को खुरचती चली गई।

इसके बाद एडीसन ने सूई उसी पथ पर दोबारा चलाई और पाया कि उसकी अपनी आवाज दोहराई जा रही है। इसके साथ ही तहलका-सा मच गया। अब आवाज को डिब्बे में बंद करना और फिर दोहराना संभव हो गया।

उसकी मशीन का नाम फोनोग्राफ रखा गया। बिजली के अभाव में उसे हाथ से चलाया जाता था। उसमें प्लास्टिक की चपटी डिस्क होती थी। बाद में ताँबे का सिलिंडर तथा टिन की पत्ती भी हटा दी गई और उनकी जगह एम्प्लीफायर और स्पीकर लगाए गए। हालाँकि आज फोनोग्राफ का रूप बिल्कुल बदल गया है, पर एडीसन के योगदान को भुलाया नहीं जा सकता है।

वाकमैन

कई बार गलती से भी आविष्कार हो जाते हैं और किसी आविष्कार प्रक्रिया में वैज्ञानिक अपनी पसंद की चीज तो नहीं बना पाता पर ऐसी चीज बन जाती है जो ज्यादा उपयोगी होती है।

वाकमैन की आविष्कार गाथा भी इसी प्रकार की है। सोनी कारपोरेशन उपभोक्ता इलैक्ट्रॉनिक्स के क्षेत्र में जाना माना नाम है। इसके म्यूजिक सिस्टम काफी लोकप्रिय हैं।

एक दिन उसके अध्यक्ष इबूका प्लांट का दौरा कर रहे थे। एक हाल में उन्होंने देखा कि इंजीनियरों की टोली नये प्रकार के हैडफोन के निर्माण में जुटी हुई थी। ये हैडफोन अब तक के सबसे हल्के हेडफोन थे और बड़ी आसानी से एक जगह से दूसरी जगह ले जाये जा सकते थे। छोटे होने के बावजूद इनमें आवाज बड़ी साफ आती थी।

इबूका अब अगले हाल में गए। उन्होंने देखा कि पास रखे कैसेट टेप प्लेयर से मधुर संगीत आ रहा है। यह कैसेट प्लेयर भी अत्यंत छोटे आकार का था पर इससे बड़ा मधुर संगीत आ रहा था।

जब इबूका ने इस कैसेट प्लेयर के बारे में पूछा तो साथ में काम कर रहे इंजीनियर ने बताया कि यह एक असफल आविष्कार है। इंजीनियरों का दल एक हल्का स्टीरियो टेप रिकार्डर बनाने का प्रयास कर रहा था। इसके लिए उसने दो सूक्ष्म स्पीकर तैयार कर लिये तथा एक कैसेट प्लेयर को उनके साथ एक छोटे डिब्बे में समेटकर रख लिया। पर रिकार्डिंग की व्यवस्था बनाने के लिए अब डिब्बे में जगह ही नहीं बची है।

चूँकि कोई भी व्यक्ति रिकॉर्डिंग की व्यवस्था के बगैर स्टीरियो खरीदने के लिए राजी नहीं होगा अतः इस आविष्कार को दूसरे असफल आविष्कारों के साथ अलमारी में बन्द कर दिया जाएगा।

इबूका को याद आया कि पिछली शॉप में हल्के हैडफोन तैयार हो रहे थे। यदि इस प्लेयर के स्पीकरों के स्थान पर वे हैडफोन इस्तेमाल किये जाएँ तो पूरा संयंत्र अत्यंत हल्का रहेगा और बैटरी की शक्ति की खपत भी काफी कम हो जाएगी।

पर सभी लोग इस बात से सहमत नहीं हुए। कुछ ने कहा, "लोग हैडफोन क्यों लगाना चाहेंगे, जब स्पीकर उपलब्ध हो सकते हैं। रिकॉर्डिंग की सुविधा के बगैर टेप रिकार्डर लोग क्यों खरीदेंगे?" आदि आदि।

पर इबूका प्रभावी व्यक्ति था। उसने अंततः सभी को राजी कर लिया। नये सिस्टम का नाम वाकमैन रखा गया तथा लोगों को यह खूब पसंद आया। यह इतना हल्का था कि लोग इसे हाथ में भी पकड़ सकते हैं। एक ओर संगीत का आनंद और दूसरी ओर जॉगिंग या भ्रमण का आनंद।

कॉम्पेक्ट डिस्क (सी.डी.) प्लेयर

मनुष्य एक ओर म्यूजिक सिस्टम का आकार छोटा करने में जुटा था और दूसरी ओर संगीत की गुणवत्ता सुधारने में भी जुटा था।

1960 में थियोडोर मैमेन नामक वैज्ञानिक ने लेसर तकनीक का उपयोग करते हुए पहला सी.डी. प्लेयर बनाया था। उससे पहले चार्ल्स टाउन्स नामक वैज्ञानिक ने माइक्रोवेव को विस्तारित (अम्प्लीफाई) करने में सफलता पाई थी। मैमेन ने उसी तरीके से प्रकाश को विस्तारित (एम्प्लीफाई) करने की योजना तैयार की। मैमेन ने रूबी की रॉड से प्रयोग किया। इसके दोनों सिरों को पॉलिश करके खूब चमकाया गया तथा चाँदी की परत चढ़ाई गई ताकि वह एक दर्पण की तरह काम कर सके। मैमेन ने रॉड के ऊपर तेज प्रकाश डाला। अब प्रकाश बार-बार प्रतिबिम्बित होकर तेज होता चला गया और इस तेज प्रकाश पुंज को लेसर बीम का नाम दिया गया।

इस लेसर बीम को देखकर लोग चौंके तो जरूर पर उन्हें यह नहीं समझ में आया कि इसका उपयोग कैसे किया जाय। धीरे-धीरे इसका उपयोग होने लगा।

कॉम्पेक्ट डिस्क प्लेयर भी लेसर तकनीक पर आधारित होता है। कॉम्पेक्ट डिस्क में ध्वनि की डिजिटल रिकॉर्डिंग होती है अर्थात् ध्वनि संकेत बाइनरी कोड (0 व 1) में परिवर्तित करके दर्ज कर दिये जाते हैं और इसकी पतली पट्टी पर स्थित रहते हैं। जब सी.डी. चलाई जाती है तो यह तेज गति से चलती है और लेसर बीम इन कोडों को पढ़ती है। इसके बाद ये कोड ध्वनि में परिवर्तित हो जाते हैं।

आजकल सी.डी. प्लेयर काफी लोकप्रिय है।

रोबोट

मनुष्य के मन में प्रारम्भ से ही इच्छा रही है कि वह ऐसी मशीन बना ले जो उसके आदेशानुसार मेहनत वाले, खतरनाक व नीरस काम करता रहे। इस दिशा में अनेक कल्पनाएँ भी हुईं। अलादीन का चिराग इसी प्रकार की कहानी है।

प्राचीन काल में ही मनुष्य ने ऐसी मूर्तियाँ तैयार कर ली थीं जो कुछ काम अपने आप कर लेती थीं। ईसा पूर्व 250 में एक मूर्ति बनाई जा चुकी थी जो अपने आप पानी पी लेती थी।

अठारहवीं सदी तक आविष्कारकों ने ऐसी मशीनों का निर्माण प्रारम्भ कर दिया था जो काफी काम कर लेती थीं। एक मशीन स्याही की दवात में पेन डुबोकर 40 शब्द लिख लेती थी। 1738 में एक ऐसी बत्तख तैयार की गई जो बत्तखों द्वारा किये जाने वाले सारे काम जैसे दाने चुगना, पानी पीना आदि सभी कर लेती थी। यह आवाज भी करती थी और पानी में तैर भी लेती थी।

प्रारम्भ में इन स्वचालित खिलौनों का प्रयोग अमीरों, राजा-महाराजाओं के बच्चों के लिए होता था। एक भारतीय राजा ने एक ऐसा ही यांत्रिक शेर तैयार करवाया था।

हालाँकि आविष्कारक बहुत पहले से रोबोट निर्माण में लगे थे पर रोबोट शब्द का इस्तेमाल पहले-पहल चेकोस्लोवाकिया के एक लेखक ने 1920 में किया था। कार्ल सेपेक नामक इस लेखक ने रोबोटों का वर्णन किया जिनका निर्माण पृथ्वी पर जीवन सुधारने के लिए किया गया था पर इन रोबोटों ने दुनिया को ही नष्ट कर दिया।

इसके बाद अनेक लेखकों ने रोबोटों पर आधारित कहानियाँ लिखीं और फिल्में भी बनीं। ये रोबोट चलते फिरते थे, बातें करते थे। इन फिल्मों

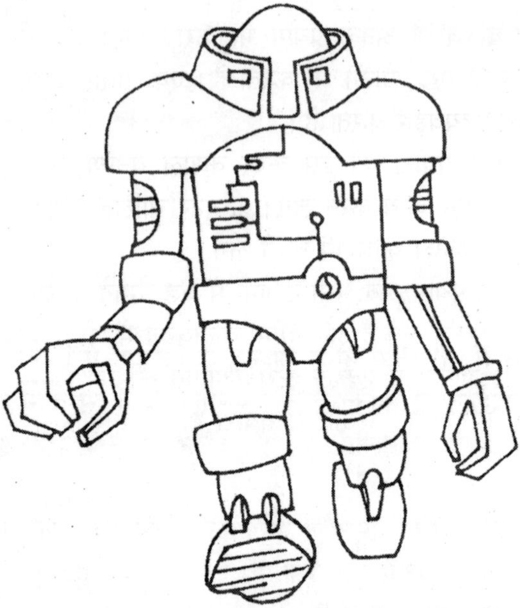

ने रोबोटों के बारे में लोगों, विशेषकर बच्चों की रुचि असाधारण रूप से बढ़ा दी।

दूसरी ओर रोबोटों का वास्तविक निर्माण भी जारी रहा। ये यांत्रिक रोबोट अनेक प्रकार के भारी और खतरनाक काम करने लगे। ये उन कामों को बड़ी आसानी से कर लेते हैं जो बार-बार दोहराए जाते हैं।

जब कम्प्यूटर का विकास हुआ और उसका प्रयोग बढ़ा तो रोबोटों की दुनिया में भी भारी परिवर्तन आ गया। अब वे सिर्फ मशीन ही नहीं रह गए और उनमें कुछ सोचने की शक्ति भी आ गई। उनका उपयोग भी बढ़ गया।

अब रोबोटों का प्रयोग खतरनाक कामों में भी होने लगा और वहाँ भी होने लगा जहाँ मनुष्य का पहुँचना संभव नहीं था। इन रोबोटों को अंतरिक्ष में तथा दूसरे ग्रहों पर भी भेजा जा चुका है जहाँ से वे पत्थर मिट्टी व अन्य चीजें वैज्ञानिकों की जाँच के लिए ले आए।

अनेक रोबोटों को सागर की तली में भेजा गया जहाँ से उन्होंने स्वचालित कैमरे से दुर्लभ तस्वीरें भेजीं। कई बार समुद्री जहाजों के डूबने से बहुत-सी सामग्री तली में चली जाती है। इन रोबोटों ने उन्हें निकालकर दिखा दिया।

रोबोटों के जरिये अनेक प्रयोग भी कराए गए। एक रोबोट जिसका नाम आरोन रखा गया, पेंटिंग भी करता है। एक रोबोट अस्पताल में भर्ती मरीज की तरह व्यवहार करता है।

दूसरी ओर रोबोटों को इस कदर कुशल बनाया जाने लगा कि वे मनुष्य से भी बेहतर कार्य करने लगे। कंप्यूटर चालित रोबोट अब हृदय के आपरेशन जैसा जटिल काम भी करने लगे।

रोबोटों का प्रयोग अब भारी उद्योगों में बड़े पैमाने पर होने लगा है। वे गर्म पदार्थ भी पकड़ लेते हैं और दूषित वातावरण में भी काम कर लेते हैं।

1983 में जापान में एक फैक्टरी स्थापित की गई जिसमें काम करने वाले सारे के सारे रोबोट हैं और वे रोबोटों का ही निर्माण करते हैं।

फोटोग्राफी व कैमरा

प्रारम्भ से ही मनुष्य के मन में इच्छा रही है कि वह चीजों व दृश्यों की हू-ब-हू तस्वीर उतार ले। इस प्रकार के प्रयास ईसा पूर्व चौथी सदी में प्रारम्भ हो चुके थे।

उन्हीं दिनों चीनियों ने कैमरा ऑब्सक्यूरा नामक उपकरण तैयार किया था। यह उपकरण काफी सरल था तथा इसमें एक डिब्बा होता था जिसमें प्रकाश के प्रवेश के लिए अत्यंत छोटा पिन के आकार का छेद होता था। किसी वस्तु को सामने रखने से इस बक्स की पिछली दीवार पर इसकी उल्टी तस्वीर बनती थी। कुछ कलाकार इस तस्वीर को कागज पर उतार लेते थे।

पर लोग इससे संतुष्ट नहीं थे। दो फ्रांसीसी इस चक्कर में थे कि उतारने की मेहनत किये बगैर तस्वीर खुद-ब-खुद तैयार हो जाए। इनमें से एक नेसी फोन नीप्से आविष्कारक था और दूसरा लुईस डागरे एक कलाकार और रंगमंच डिजाइनर था। दोनों ने मिलकर इस दिशा में काफी प्रयोग किये। उन्होंने ऐसे रसायनों का घोल तैयार किया जो प्रकाश द्वारा प्रभावित होता था और उसकी परत लगाने से जब प्रकाश पड़ता था तो तस्वीर उभर आती थी। हालाँकि इससे चीजों की तस्वीर बन जाती थी पर यह अत्यंत फीकी होती थी।

1833 में नीप्से का देहान्त हो गया पर डागरे ने अपने प्रयोग जारी रखे। एक दिन उसने धातु की शीट पर आयोडीन का पतला लेप चढ़ाया और उस पर चाँदी की एक चम्मच रख दी। अगले दिन उसने देखा कि धातु की शीट पर चम्मच की तस्वीर उभर आई है। डागरे समझ गया कि चाँदी और आयोडीन के मिलने से सिल्वर आयोडाइड बना और जब इस पर प्रकाश पड़ा तो चित्र उभर आया।

अब उसने चाँदी की पालिश की हुई धातु की प्लेटों पर आयोडीन का लेप लगाया और उस पर तस्वीर उतारना प्रारम्भ कर दिया। पर समस्या यह थी कि तस्वीर उतारने के लिए वस्तु या दृश्य को काफी देर तक रोकना पड़ता था और तस्वीर बाद में उड़ भी जाती थी।

1835 में एक दिन चाँदी की प्लेट पर तस्वीर उभरने के बाद डागरे ने उस प्लेट को अपनी अलमारी में बंद कर दिया। अगले दिन जब उसने अलमारी खोली तो पाया कि तस्वीर न सिर्फ ज्यों की त्यों थी वरन् बेहतर थी। अँधेरे में तस्वीर ने ज्यादा बढ़िया रूप धारण कर लिया।

डागरे समझ गया कि वह अपनी खोज के काफी नजदीक तक आ गया है। पहले उसे लगा कि अलमारी में कोई ऐसा रासायनिक पदार्थ है जो बनी हुई तस्वीर को स्थायी कर देता है। इसकी जाँच करने के लिए वह हर दिन प्लेट अलमारी में रखता और हर एक दिन उससे रासायनिक पदार्थ एक-एक कर निकालता था। पर हर बार सही तस्वीर उभर कर आ जाती थी।

अंत में डागरे ने अपनी अलमारी में एक भी रसायन नहीं छोड़ा पर तस्वीर फिर भी बन गई। अब डागरे ने अपनी अलमारी की बारीकी से खोजबीन की और पाया कि उसमें पारे की चंद बूँदें थीं। उसने सोचा कि शायद पारे की भाप से तस्वीर उभरने में आसानी होती होगी।

अब डागरे पारे की भाप में तस्वीर उभारने का प्रयास करने लगा पर तस्वीर की गुणवत्ता से वह संतुष्ट नहीं था। बाद में सोडियम हाइपो सल्फेट नामक नया रसायन मिल गया जिससे प्लेट पर एक बार उभरी तस्वीर कभी फीकी नहीं पड़ती है।

इस तरह फोटोग्राफी की दुनिया का सफर प्रारम्भ हुआ।

कोडक कैमरा

1824 में 24 वर्षीय जार्ज ईस्टमैन ने गर्मियों की छुट्टियों में जाने से पूर्व कैमरा खरीदने का फैसला किया ताकि वह अपने अनुभवों की तस्वीर उभार सके। पर उसे पता चला कि कैमरा न सिर्फ महँगा है वरन् आकार व वजन में बड़ा है और उसके साथ एक बड़ा तीन टाँगों वाला उपकरण भी लेना पड़ता है। साथ में भारी-भारी प्लेटें, अँधेरा करने के लिए तंबू आदि की भी व्यवस्था करनी पड़ती है। तरह-तरह के रसायन व तामझाम ले जाने के लिए कर्मचारियों की भी जरूरत पड़ती है। उस समय फोटो खींचने के लिए तमाम हिदायतों की पुस्तिका आती थी और उसकी भी कीमत पाँच डालर थी।

यह सब सुनकर उसने घूमने जाने की योजना त्याग दी और इस प्रयास में जुट गया कि फोटो खींचने को कैसे आसान व सस्ता बनाया जाय। पहले पहल उसने योजना बनाई कि किस प्रकार भारी ग्लास प्लेटों पर जैली आदि बिछाने का विकल्प ढूँढ़ा जाय।

महीनों तक जार्ज प्रयास करता रहा। ईस्टमैन ने तरह-तरह के रसायन मिलाए और अपनी माता की रसोई में कभी उन्हें गर्म करके तो कभी ठंडा करके तरह-तरह के प्रयोग करता रहा। तीन साल बाद जाकर उसे सफलता मिली और उसने भारी प्लेटों के स्थान पर कागज पर चिपके सेलूलायड के प्रयोग से तस्वीर उतारने की कला विकसित कर ली।

अब तक भारी खर्च और मेहनत के कारण चंद पेशेवर फोटोग्राफर ही कैमरा प्रयोग करते थे और आम व्यक्ति इससे बचता था। जार्ज की इच्छा थी कि फोटोग्राफी का काम इतना आसान हो जाय कि सभी लोग इसे कर सकें।

लगातार परिश्रम के बाद उसने सादा ब्लैक बॉक्स कैमरा तैयार कर लिया जिसे हर कोई प्रयोग कर सकता था। इस कैमरे के पीछे मुलायम रील लगी होती थी और कैमरे के अन्दर से उचित दृश्य देखकर व बटन दबाकर तस्वीर ले ली जाती थी। इसके बाद रील आगे बढ़ा दी जाती थी। अब तम्बू, रसायनों, भारी उपकरणों की कतई चिन्ता नहीं थी।

जून 1888 में जार्ज का पहला कैमरा बाजार में बिकने के लिए आया। छोटे आकार का हल्का कैमरा सस्ता भी था। जार्ज ने इसका नाम कोडक कैमरा रखा। जिसे याद करना भी आसान था। जार्ज इसमें आगे सुधार करता रहा और जब 1932 में उसका देहान्त हो गया तो उस समय तक पुराने भारी भरकम कैमरे बाजार से गायब हो चुके थे। जार्ज के कैमरे अब आम आदमियों के हाथों में दिखाई देने लगे थे।

सेलूलायड

जार्ज ईस्टमैन ने अपने कैमरे की फिल्म में सेलूलायड का प्रयोग क्रिया। सेलूलायड के जन्म की कहानी विचित्र है। 1863 में बिलियर्ड की बॉल बनाने में प्रयोग आने वाले हाथी के दाँत की कमी हो गई। बिलियर्ड की बॉल बनाने वाली कंपनी ने एक प्रतियोगिता आयोजित की जिसमें उस व्यक्ति को इनाम देने की घोषणा की गई, जो हाथी के दाँत के स्थान पर दूसरी निर्माण सामग्री से बिलियर्ड की बॉल तैयार करने की विधि विकसित करेगा। न्यू जर्सी के निवासी दो भाइयों इसेयाह तथा जॉन वेस्ले ह्यात ने इस चुनौती को स्वीकार कर लिया।

एक दिन वे लकड़ी के बुरादे, कागज, गोंद आदि को मिलाकर कुछ प्रयोग कर रहे थे। तभी धोखे से जॉन की उँगली कट गई। उसने तुरन्त दवा का डिब्बा खोला और कोलायडन लगाया। उस समय चोट लगने पर कोलायडन लगाया जाता था क्योंकि यह जल्दी सूख जाता था और घाव को ढक देता था।

कोलायडन लगाते समय नीचे गिर गई और लकड़ी के बुरादे का मिश्रण सख्त हो गया। अब जॉन ह्यात ने फैसला किया कि वह गोंद के स्थान पर कोलायडन का प्रयास करेगा। कोलायडन को मिलाकर जो पदार्थ बना, उसे सेलूलायड का नाम दिया गया और उसे अनेक प्रकार से प्रयोग किया गया। अब पुरुषों की कमीजों के कालर, कफ से लेकर चाकू के हत्थे, गोटियों, बटनों, फाउंटेन पैनों आदि में सेलूलायड का प्रयोग होने लगा। जार्ज ईस्टमैन ने कैमरे की फिल्म के लिए भी इसका प्रयोग किया।

हालाँकि ह्यात बंधु बिलियर्ड की बॉल इससे नहीं बना सके पर प्रतियोगिता में हार कर भी उन्होंने दुनिया को एक नया पदार्थ दे डाला।

तत्काल तस्वीर उतारने वाला कैमरा

एड्विन लैंड जब मात्र 17 वर्ष का था और सड़क पर चल रहा था तो सामने से आ रही कार ने उसे चकाचौंध कर दिया। अब उसने प्रकाश के चमकने पर कुछ नियंत्रण लाने के तरीके पर विचार करना प्रारम्भ कर दिया। छः साल बाद 1932 में उसने प्लास्टिक की एक पोलाराइज्ड शीट तैयार कर दी जो प्रकाश को छानकर उसकी चमक कम करने में सक्षम थी। उसने पोलराइजिंग उत्पाद बनाने के लिए पोलारायड कारपोरेशन की स्थापना की जो चमक रोकने वाले चश्मे व अन्य उत्पाद बनाने लगी। ये उत्पाद धड़ाधड़ बाजार में बिकने लगे और एडविन लैंड एक अमीर आदमी बन गया।

1943 में एडविन लैंड छुट्टियाँ बिताने परिवार सहित गया था। वहाँ पर उसने अपनी तीन साल की बच्ची की तस्वीर कैमरे से उतारी। बच्ची अपनी तस्वीर देखने के लिए मचल पड़ी। एडविन उसे लगातार समझाता रहा कि उसे इंतजार करना पड़ेगा क्योंकि तस्वीर तब मिलेगी जब फिल्म धुलकर आएगी।

एडविन बच्ची को समझा तो रहा था पर उसके मन में विचार उमड़ रहा था कि फिल्म निकालने, धोने, सुखाने आदि की प्रक्रिया बहुत लम्बी है और इसे छोटा किया जा सकता है। उसने फैसला किया कि वह ऐसी प्रक्रिया विकसित करेगा जिसमें फिल्म विकसित करने का काम कैमरे के अन्दर ही हो जाय। इसके लिए पहले उसने नये तरीके की फिल्म तैयार करने का काम प्रारम्भ किया। उसने तय किया कि वह ऐसी फिल्म तैयार करेगा जो सीलबंद होगी और उसमें फिल्म विकसित करने वाले रसायन भी होंगे।

आखिर उसने ऐसी फिल्म विकसित कर ही ली। इसके बाद उसने नये डिजाइन का कैमरा भी विकसित कर लिया। इसमें ज्यों ही तस्वीर खींची

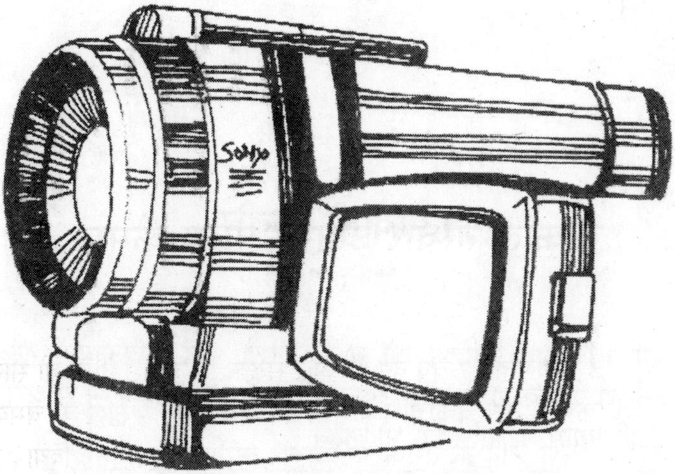

जाती त्यों ही इसकी मोटर एक पैकेट रोलर के सहारे आगे बढ़ाती और रोलर उस पैकेट को दबा देता है और फिल्म विकसित करने वाले रसायन निकल पड़ते हैं। ये रसायन फिल्म पर लगकर उसकी छवि फोटोग्राफिक पेपर पर छाप देते हैं।

इस तरह पूरी तस्वीर तैयार होने में मात्र 60 सेकेण्ड लगने लगे। 1948 में जब क्रिसमस के अवसर पर यह कैमरा आया तो इसमें भूरे रंग की तस्वीर आती थी। अगले साल लैंड ने इसमें आगे सुधार किया और काली सफेद तस्वीर आने लगी। 1963 में रंगीन फिल्म तत्काल तैयार करने वाला कैमरा भी बाजार में आ गया।

एडविन लैंड के इस कैमरे ने छायाकारी की दुनिया में तहलका मचा दिया। आम आदमी और पेशेवर फोटोग्राफरों दोनों ने इसे पसंद किया।

त्रिआयामी तस्वीर

हम अक्सर किताबों, निमंत्रण पत्रों, बधाई संदेशों आदि में त्रिआयामी तस्वीर देखते हैं जो एक कोण से अलग दिखाई देती हैं और दूसरे कोण से अलग। इन्हें स्टीरियोग्राम या होलोग्राम भी कहते हैं।

हमारी सामान्य आँखें भी तीन आयामी तस्वीर ही देखती हैं। यदि हम एक आँख बंद करके दूसरी से देखें तो एक ही आयाम दिखता है पर जब दोनों आँखों से देखते हैं तो हमें तस्वीर के साथ गहराई भी दिखती है।

इस दिशा में पहला प्रयास सर चार्ल्स व्हीटस्टोन ने किया था। उसने दो तस्वीर जो लगभग एक जैसी थीं, अगल बगल रखकर देखीं। उसने दोनों को एक साथ मिलाकर त्रिआयामी तस्वीर बनाने का प्रयास किया।

इसके बाद एक शताब्दी तक इस दिशा में प्रयास चलता रहा। 1950 में आविष्कारकों ने ऐसी तस्वीर छापने में सफलता हासिल कर ली जो त्रिआयामी लगती थी। इसके तहत दो तस्वीरें छापी गईं। एक लाल स्याही से और उसके ऊपर दूसरी हरी स्याही से। जब नंगी आँखों से व्यक्ति उसे देखता था तो धुँधली-सी तस्वीर दिखाई देती थी पर रंगीन चश्मे से देखता तो अलग-अलग दिखाई देता था। इसका कारण था कि एक रंग का चश्मा एक रंग को फिल्टर कर देता था और दूसरे रंग की तस्वीर दिखाई देती थी। बाद में मस्तिष्क दोनों को जोड़ देता है।

1980 के दशक में डॉ० बेला जुलेज ने कम्प्यूटर का प्रयोग करते हुए स्टीरियोग्राफ तैयार किया। उसने एक वर्गाकार क्षेत्र में काले सफेद बिंदु भरे उसके बाद उसने उन बिन्दुओं को बगल में स्थानांतरित किया। उसके बाद उन बिन्दुओं को फिर से उस जगह पर बनाया। इस प्रकार कई बार बनाने और स्थानांतरित करने के बाद एक अंतिम छवि तैयार की। इससे एक तरफ से देखने पर एक छवि दिखती थी और दूसरी तरफ देखने पर दूसरी।

आजकल इनका निर्माण और आसान हो गया है।

चलचित्र (सिनेमा)

1877 की बात है। कैलीफोर्निया में घुड़दौड़ हो रही थी। घोड़े जी जान लगाकर दौड़ रहे थे और भीड़ उस दौड़ का आनंद ले रही थी। पर भीड़ में से कुछ लोग दौड़ देखने के बजाय बहस में जुट गए। एक ने कहा कि दौड़ के दौरान एक समय ऐसा भी आता है जब घोड़े के चारों पैर हवा में होते हैं। दूसरे लोगों ने कहा कि यह तो असंभव है। बहस बढ़ती गई और शर्त भी लग गई। फैसले के लिए उन लोगों ने एक वैज्ञानिक की सेवाएँ लीं।

उनके निवेदन पर एडबर्ड माइब्रिज नामक वैज्ञानिक जिसने गतिशास्त्र पर काफी काम कर रखा था, ने अध्ययन प्रारम्भ किया। उसने घुड़दौड़ के रास्ते पर 48 कैमरे लगाए। इन कैमरों के शटर एक रस्सी से बँधे थे और ज्यों ही घुड़दौड़ प्रारम्भ हुई, शटर खुलते चले गए। अब माइब्रिज के पास दर्जनों तस्वीरें थीं जो चंद सेकेंडों के अंतराल पर एक-एक कर खींचीं गई थीं। इन चित्रों से साबित हो गया कि कई बार घोड़े के चारों पैर हवा में होते हैं।

अब माइब्रिज की रुचि इस विषय में बढ़ गई। अध्ययन जारी रहा। उसने पक्षियों के उड़ने से लेकर बेसबॉल खिलाड़ियों के उछलने तक की अनेक तस्वीरें खींचीं। ये फोटो भी सेकेंडों के अंतराल पर खींची गई थीं। माइब्रिज अभी भी पूरी तरह संतुष्ट नहीं था।

अब उसने उस समय के विख्यात वैज्ञानिक थामस एडीसन की सहायता ली। एडीसन ने एक काइनेटोस्कोप बनाया था जो वास्तव में एक बड़ा चक्का था और उसके ऊपर सैकड़ों फोटोग्राफ रखकर घुमाए जाते थे। हर फोटोग्राफ के पीछे बिजली के स्पार्क के जरिये तेज रोशनी की जाती थी। इससे देखने वाले को लगता था कि चित्र में लोग वास्तव में चल फिर रहे हैं।

इस तरह काइनैटोस्कोप के जरिये चलचित्र का आरंभ हुआ। बाद में हजारों चित्रों के जरिये पर्दे पर फिल्म दिखाई जाने लगी।

28 दिसम्बर 1895 को जब पेरिस के एक कैफे में पहली बार सिनेमा दिखाया गया तो उस समय तो लुई और अगस्ते लुमिरे नामक दो भाइयों ने दस छोटी–छोटी फिल्में दिखाईं जिनकी कुल अवधि 20 मिनट थी। इसके एक दृश्य में एक भाप से चलने वाली रेलगाड़ी तेजी से आती हुई दिखाई दी और ऐसा लगा कि वह दर्शकों की ओर ही आ रही है। दर्शक बुरी तरह घबरा गए और कुछ तो बेहोश हो गए। इसके बाद फिल्म निर्माताओं को हिदायत दी गई कि वे ऐसे दृश्य न खींचें।

ऐसी ही एक रोचक घटना और है। 1920 के दशक में रिचर्ड होलिंगशेड ने अपने मित्रों को अपने घर फिल्म दिखाने के लिए आमंत्रित किया। इत्तफाक से उस दिन भंयकर गर्मी थी। अंदर बैठना संभव नहीं था। रिचर्ड ने अपना उपकरण अपनी कार के ऊपर रखा और गैराज की दीवार पर प्रोजेक्टर चलाकर फिल्म दिखाना प्रारम्भ किया। उसके मेहमानों ने लॉन की कुर्सियों पर बैठकर फिल्म का आनंद लिया।

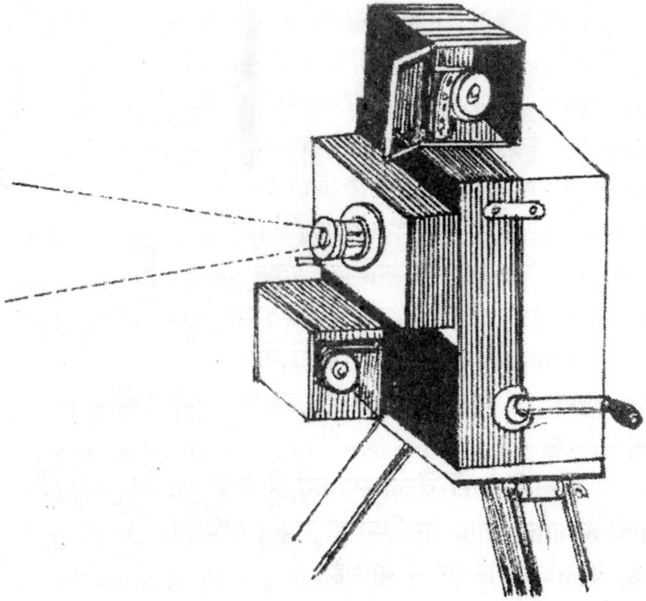

आस पड़ोस के लोग भी आ गए। उन्होंने न सिर्फ आनंद लिया वरन दोबारा किसी दिन ऐसा कार्यक्रम आयोजित करने का निवेदन किया। होलिंगशेड को लगा कि पैसा कमाने का यह अच्छा तरीका है। उसने लकड़ी का पर्दा बनाकर खुली जगहों पर फिल्म दिखाना प्रारम्भ कर दिया।

लगातार सिनेमा देखने के बाद भी मनुष्य का मन नहीं भरा। वह चीजों को न सिर्फ चलते फिरते देखना चाहता था वरन बड़ा से बड़ा भी देखना चाहता था। तीन कनाडा के फिल्म निर्माताओं रोमन क्रोएटर, बॉब केर, ग्रेम फर्गुसन ने तस्वीरों को और साफ, विशाल तथा इस तरह का बनाने की योजना बनाई कि दर्शक देखते समय यह महसूस करे कि वे फिल्म का एक हिस्सा हैं।

इसके लिए उन्होंने योजना बनाई कि वे फिल्म को बड़ा बनाएँगे और दर्शकों से दूर रखेंगे। पर इसमें समस्या आ गई। उस समय ज्यादातर फिल्में 35 मिलीमीटर की बनती थीं जो 35 मिलीमीटर कैमरे पर बनती थीं और 35 मिलीमीटर की प्रोजेक्टर पर दिखाई जा रही थीं। बड़े आकार की फिल्म का वजन भी ज्यादा था और साधारण प्रोजेक्टर द्वारा इसे चलाना संभव नहीं था।

अब इन तीन फिल्म निर्माताओं ने बिल शॉ नामक तकनीशियन की सहायता ली। बिल ने नया प्रोजेक्शन सिस्टम तैयार कर डाला। अब फिल्म सीधी चलती थी। बड़ी फिल्म का चलना अब आसान हो गया।

70 मिलीमीटर की फिल्म बनाने के लिए उन्होंने नार्वे के जैन जैकबसन की सहायता ली जिसने बड़े आकार की फिल्म बनाने के लिए नया कैमरा तैयार कर दिया जिसमें मात्र 4 महीने लगे।

विश्व की पहली बड़े आकार की फिल्म 'टाइगर चाइल्ड' ओसाका जापान के एस्पो-70 मेले में दिखाई गई। फिल्म देखने वालों के आनंद की सीमा नहीं थी। अब बड़ी फिल्मों का चलन प्रारम्भ हो गया। इसके लिए सिनेमा घरों में परिवर्तन किये जाने लगे। इसके लिए फिल्म का पर्दा 30 मीटर चौड़ा बनाया जाने लगा और सीटों की व्यवस्था इस तरह की जाने लगी कि दर्शक 15 मीटर से ज्यादा दूरी पर न रहें और पर्दे को साफ बिना अवरोध के देख सकें।

बीच-बीच में मल्टी चैनल स्पीकरों से तरह-तरह की आवाजें उत्पन्न की जाती हैं ताकि दर्शक रोमांचित हो सकें। बीच-बीच में दर्शक भूल सा जाता है कि वह सिनेमाघर में बैठा है।

फिल्म में अनोखे दृश्य उत्पन्न करना

1896 में फ्रांस के प्रारंभिक दौर के फिल्म निर्माता जार्ज मेलीस फिल्म की शूटिंग कर रहे थे। बीच में फिल्म फँस गई। पर मेलीस ने शूटिंग रोकी नहीं।

जब फिल्म तैयार हुई तो देखने पर पता चला कि इसमें विचित्र से दृश्य बन गए हैं। पुरुष का सिर स्त्री के शरीर से जुड़ गया। अनेक दृश्य आपस में जुड़कर विचित्र दृश्य बन गए हैं। बस के सामने घोड़ा आ गया और ऐसा लग रहा था कि घोड़ा बस खींच रहा है।

फिल्म का तो नुकसान हुआ पर मैलीस को एक नया मार्ग मिल गया। उसने अगली फिल्म में इस प्रकार के प्रयोग जानकर किये और जोड़-तोड़ के द्वारा अनेक अनोखे दृश्य उत्पन्न कर दिये।

जब कम्प्यूटर आ गया तो इस प्रकार के प्रयोग और आसान हो गए। कम्प्यूटर से डिजिटल तस्वीरें बनाना संभव हुआ और इन्हें आपस में जोड़-तोड़कर अनोखे दृश्य बनने लगे।

अब कम्प्यूटर की मेमोरी में तमाम दृश्य स्टोर किये जाने लगे और जैसे चित्र की आवश्यकता हो वैसा चित्र उचित रंग आदि डालकर तैयार किया जाने लगा। अब चित्रों का आकार बदलना, रंग बदलना, खींचना, संकुचित करना आसान हो गया। फिल्म निर्माताओं के पास अब विकल्पों की भरमार हो गई।

इन तकनीकों का प्रयोग करके स्टार वार जैसी फिल्में बनने लगीं जिनमें बड़े-बड़े अंतरिक्ष यान दिखाए जाने लगे। इनमें अलग-अलग जगह फिल्मांकन किया जाता है और बाद में उनके आकार, रंग-चमक आदि में परिवर्तन करके जोड़ दिया जाता है। इसमें कलाकार अंतरिक्ष में चलते हुए दिखाए जाते हैं। कुछ चित्रकारी, कुछ फिल्मांकन, कुछ कम्प्यूटर आदि के

जरिये एक ओर रामायण, महाभारत आदि सीरियल तैयार किये गए जिनमें अनोखे दृश्य थे दूसरी ओर बच्चों के लिए फिल्में तैयार की गईं। इनमें एक चीज को दूसरी चीज में बदलते हुए भी दिखाया जाता है। आदमी राक्षस बन जाता है, गाय औरत बन जाती है।

अब हर फिल्म के लिए दूर-दराज के प्राकृतिक दृश्यों की फोटोग्राफी की आवश्यकता नहीं है। नदियों, पहाड़ों, झरनों के दृश्य एक बार ले लिये जाते हैं और उनमें अनुकूल परिवर्तन करके दूसरी फिल्मों में इस्तेमाल किया जाने लगा।

काल्पनिक दुनिया दिखाना/एनीमेशन फिल्में

नई तकनीक से जुरासिक पार्क जैसी फिल्में तैयार होने लगीं। इसमें ड्रैगन, डायनासोर जैसे काल्पनिक जानवर दिखाए जाने लगे जिनका आज की दुनिया में कोई अस्तित्व नहीं है।

यदि हम किसी फिल्म को देखें तो पाएँगे कि यह तस्वीरों की लड़ी है जिसमें बहुत छोटे अंतराल पर फिल्म खींची गई है। इस लड़ी को इतनी तेजी से चलाया जाता कि वह फिल्म हमें चलती-फिरती नजर आती है। 15 मिनट की फिल्म में लगभग 30,000 तस्वीरें होती हैं।

इतनी सारी तस्वीरों को हाथ से बनाना संभव नहीं है पर कम्प्यूटर पर ये कम समय और कम परिश्रम में तैयार हो जाती हैं। इसीलिए आजकल कम्प्यूटर की सहायता से बड़े पैमाने पर एनीमेशन फिल्में तैयार की जा रही हैं। कार्टून फिल्मों के लिए चित्रकार द्वारा पहले चंद कार्टून तैयार किये जाते हैं। बाद में इन कार्टूनों को डिजिटाइज किया जाता है और जोड़-तोड़ करके चलते फिरते कार्टून तैयार किये जाते है।

इसी तरह जुरासिक पार्क के लिए पहले मिट्टी के मॉडल तैयार किये जाते हैं। उनको कम्प्यूटर में दर्ज किया जाता है। बाद में रंग, आकार प्रकार बदलकर फिल्म तैयार की जाती है।

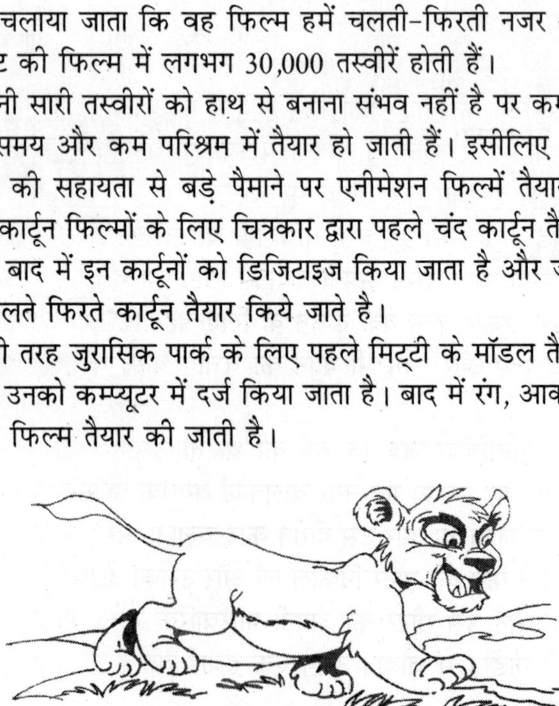

बच्चे भी आविष्कारक बन सकते हैं

आविष्कार करने की कोई निश्चित उम्र नहीं होती है। कुछ आविष्कारक बचपन में ही आविष्कार कर डालते हैं और कुछ लोग जीवन के अंतिम प्रहर में आविष्कार कर पाते हैं।

विश्व का सबसे कम आयु का आविष्कारक बडी पैच था। अमेरिका-वासी इस छः वर्ष के बच्चे ने 1963 में खिलौना ट्रक बनाया और इसे पेटेंट कराया। आज बच्चे सिर्फ खिलौना ही नहीं अन्य चीजें भी बना रहे हैं।

1873 में 15 वर्षीय चेस्टर ग्रीन वुड जो अमेरिका में मैने का निवासी था, रोज स्केटिंग के लिए जाता था। सर्दियों में उसके कानों में बर्फ सी जम जाती थी। और बच्चों ने सर्दियों में स्केटिंग बन्द कर दी थी और वे वसंत ऋतु का इन्तजार कर रहे थे पर चेस्टर ने हार नहीं मानी और कुछ तारों को तोड़-मरोड़ कर इस तरह बाँधा कि वह उसकी गर्दन के चारों ओर आ सके। इसके बाद उसने अपनी दादी से कहा कि वह इसके ऊपर फर सिल दे। इस प्रकार कान तक ढकने के लिए पहली बार ईयर मफ तैयार हो गया। बाद में और लोग भी कान का बचाव करने के लिए ईयर मफ पहनने लगे।

आर्मंड बंबार्डियर जब 15 वर्ष का था तो उसके पिता ने उसे कार उपहार में दी। पर उसका गृह नगर वालकोर्ट क्यूबेक तो सर्दियों में बर्फ से पूरी तरह ढक जाता था और उस दौरान कार चलाना असंभव हो जाता था।

आर्मंड ने कार की मोटर निकाल ली और उसका अध्ययन कर डाला। इसके बाद उसने उस मोटर को अपनी पारिवारिक स्लेज गाड़ी (बर्फ पर चलने वाली गाड़ी) में जोड़ा। उसने एक हवाई जहाज के प्रोपेलर को भी पीछे लगाया।

अब आर्मंड अपनी मोटर चालित स्लेज गाड़ी में घूमने जाने लगा। वह इससे पूरी तरह संतुष्ट नहीं था और बीच-बीच में उसमें सुधार करता रहा। बाद में उसने प्रोपेलर हटा भी दिया। 1922 में 15 वर्ष की आयु में उसने जो वाहन तैयार किया था, उसका नाम स्नोमोबाइल रखा गया। प्रारम्भ में यह खतरनाक था और इसके लिए उसके पिता उसे डाँटते भी रहते थे। पर 1928 तक उसने इसमें और सुधार कर डाले तथा इसमें टायर लगा दिये। अब यह चार पहियों पर चलने लगी। यह बर्फ में आगे बढ़ती चली जाती थी।

1937 में युवावस्था में उसे इसका पेटेंट भी मिल गया और उसने बंबार्डियर स्नोमोबाइल कंपनी बना ली। प्रारम्भ में यह देखने में दैत्याकार लगती थी। ऐसा लगता था कि बर्फ पर बस जा रही हो। इसमें फोर्ड इंजन लगता था और यह 12 सवारियाँ ढोती थी।

बाद में आर्मंड ने छोटी और हल्की गाड़ियाँ तैयार कीं। अब दो स्ट्रोक का इंजन एक बेल्ट से खींचने लगा। यह छोटी गाड़ी भी एक दो सवारी ढो लेती थी।

इससे पहले बर्फ की गाड़ी कुत्ते खींचते थे और इसलिए आर्मंड ने अपनी गाड़ी का नाम स्की डाग रखा और बाद में यह नाम बदलकर स्की डू हो गया। इस गाड़ी ने बर्फीले इलाकों के यातायात में क्रांति ला दी। 1964 में आर्मंड का देहान्त हो गया पर मरते दम तक वह अपनी गाड़ी में सुधार करता रहा।

इसी प्रकार लेविस बर्टन और कर्टीस बर्टन नामक दो भाई थे। वे बचपन से ही अपनी कार साफ करते-करते परेशान थे। उनकी माता दूर-दूर तक यात्रा करती थी और रास्ते में सस्ते रेस्तरां से खाना खरीद कर अपनी गाड़ी में बैठकर खाती थी। खाना अक्सर कार की सीट पर और फर्श पर गिरता था और दोनों भाइयों को साफ करना पड़ता था।

दोनों भाइयों ने इसका हल निकाला और ऐसी खाने की ट्रे बना डाली जिससे खाना बाहर नहीं गिर पाता था और उसमें कटोरियाँ रखने के लिए जगह भी थी।

इन भाइयों ने अपने स्विमिंग पूल को साफ करने के लिए भी एक झरने जैसा उपकरण बनाया जो पूल में गिरी पत्तियों और अन्य कचरे को बाहर कर देता था। इन भाइयों को 1982 का राष्ट्रीय आविष्कार पुरस्कार

दिया गया। उस समय लेविस की आयु मात्र 9 वर्ष और कर्टीस की आयु मात्र 13 वर्ष थी।

कुछ आविष्कारक बचपन से आविष्कार करने लगे पर बाद में प्रतिष्ठित हो पाए। ऐसे ही एक आविष्कारक रेमंड कुर्जवेल ने मात्र 12 वर्ष की आयु में 1960 में एक ऐसा कम्प्यूटर प्रोग्राम तैयार किया जो एक काम को चंद दिन में करने लगा। उसी काम को पहले 5 लोग मिलकर कई हफ्ते में कर पाते थे।

एक साल बाद उसने कम्प्यूटर की बड़ी मैमोरी तैयार की जो 4000 तथ्यों को दर्ज कर लेती थी। 16 वर्ष की आयु में उसने एक ऐसा कम्प्यूटर तैयार किया जो एक गाना सुनकर वैसा ही दूसरा गाना तैयार कर देता था।

पर कुर्जवैल को लोकप्रियता तब मिल पाई जब उसने ऐसी मशीन तैयार की जो सामान्य पुस्तक को बोलकर पढ़ लेती थी। यह रीडिंग मशीन छापे हुए पृष्ठ को स्कैन करके उसके एक-एक शब्द को पढ़ लेती है और बोलकर सुना देती है। रेमंड कुर्जवैल ने यह कुर्जवैल रीडिंग मशीन तब तैयार की थी जब वह बीसेक वर्ष का ही था। इसने नेत्रहीनों की दुनिया में तहलका मचा दिया और उनकी ब्रेल साहित्य पर निर्भरता अब कम हो गई है।

भारत सहित अनेक देशों में विज्ञान व तकनीकी मंत्रालय या अन्य विभाग बाल वैज्ञानिकों की पहचान और उन्हें प्रोत्साहन देने की योजनाएँ चलाते हैं। 1985 में जब अमेरिका में ऐसी प्रतियोगिता आयोजित हुई तो 80,000 बच्चों ने उसमें अपने विचार या मॉडल भेजे। पाँच वर्षीया केटी हार्डिंग ने एक ऐसी छतरी तैयार की जिसमें एक फ्लैश लाइट लगी थी और इससे उसका बड़ा भाई अँधेरे में कीचड़ आदि से बचकर चल सकता है।

तीसरी कक्षा में पढ़ने वाले निकोलस गुडमैन ने ऐसी कंघी बनाई जो बाल काढ़ते समय पानी भी छिड़कती थी और बाल आसानी से काढ़े जा सकते थे। 14 वर्ष के जिम वालिन ने एक ऐसा जार बनाया जो दोनों तरफ से खुल जाता था।

भारत में भी सर सी. वी. रमन, डॉ. सुब्रह्मण्यम चंद्रशेखर, जगदीश चंद्र बोस आदि की वैज्ञानिक प्रतिभा बचपन में ही दीखने लगी थी। रामानुजम ने गणित में कमाल बचपन से ही दिखाना प्रारम्भ कर दिया था।

ऐसे अनेक बालक होते हैं जिनमें आविष्कारक बनने की नैसर्गिक प्रतिभा होती है। जिनको अनुकूल माहौल और सहारा मिल जाता है वे बड़े वैज्ञानिक हो जाते हैं और शेष खो जाते हैं। आइये हम ऐसी योजना बनाएँ कि इनमें से कोई न खोए और सभी को अवसर मिले।

❑❑